▶ 50則非知不可的科學概念

50 Science Ideas

you really need to know

保羅‧帕森斯（Paul Parsons）
蓋爾‧迪克森（Gail Dixon）★著

嚴麗娟 ★譯

目錄

簡介

01 費馬原理　　4
02 牛頓定律　　8
03 牛頓重力　　12
04 電磁學　　16
05 熱力學　　20
06 狹義相對論　　24
07 廣義相對論　　28
08 量子力學　　32
09 量子場　　36
10 粒子物理學　　40
11 核能　　44
12 弦理論　　48
13 資訊理論　　52
14 混沌理論　　56
15 量子電腦　　60
16 人工智慧　　64
17 原子和分子　　68
18 週期表　　72
19 放射性　　76
20 半導體　　80
21 超導體　　84
22 巴克球和奈米碳管　　88
23 奈米科技　　92
24 生命的起源　　96
25 光合作用　　100
26 細胞　　104

27 病菌說　　108
28 病毒　　112
29 基因　　116
30 演化　　120
31 源出非洲　　124
32 雙螺旋　　128
33 複製和基因改造　　132
34 合成生物學　　136
35 意識　　140
36 語言　　144
37 冰河時期　　148
38 板塊構造　　152
39 大滅絕　　156
40 氣候變化　　160
41 哥白尼的太陽系　　164
42 星系　　168
43 大爆炸　　172
44 暗物質　　176
45 暗能量　　180
46 宇宙之死　　184
47 黑洞　　188
48 多重宇宙　　192
49 系外行星　　196
50 外星生命　　200

詞彙表　　204

引言

愛因斯坦說過：「最偉大的科學家也是藝術家。」這句話很狂，因為科學看起來其實挺沒有創意。受限於資料、事實和證據，似乎想法和創意的力量只有很小的發揮空間。但這個想法其實大錯特錯。愛因斯坦的重點在於，科學界真正能帶領風潮的大師也是最有創意的人。他們用想法改變世界，而不是靠技術能力。

的確，科學研究大多以其他人的成果為根據——大體來說，科學是人類領悟力逐漸進化的成果。但有時候，創造力驚人的科學家站上舞台，他們的洞察力帶來的不是進化，而是革命——顛覆他們研究的領域，把我們的領悟帶到全新的層次。比方說，愛因斯坦跟他精簡的相對論，達爾文跟他激進的自然選擇演化理論，還有費曼大膽重新想像次原子粒子的世界。

並不是說這些人的技術能力不夠卓越——他們當然都很出色。但少了創意天分的火花，數學能力再強，自然知識再深厚，也無法為科學帶來這麼大規模的變化。藉此提醒教學人士，學校裡的科學不應該只是死背硬記跟通過考試。

在本書的章節裡，我列出多年來科學家提出的五十個偉大想法。主題的選擇完全按我們的喜好——要是換一個人來寫，內容一定看起來很不一樣。但我們也想取得均衡，希望讀者能跟我們一樣享受其中。在篇幅許可的情況下，除了科學，我們也加入科學家的簡傳，介紹他們的背景和個人生活。這段旅程很神奇，帶我們看到科學創意大師的成就。今日的科學家必然也有新的想法正在成形，或已經進入設計階段——冀望在未來能夠出現在我們眼前。

01 費馬原理

十七世紀末，法國數學家費馬（Pierre de Fermat）用精簡的定律說明光線的行為：在兩點間行進的光線採取盡可能最快的路徑。他的想法引發出更強大的原理，也就是現代理論物理學的核心。

到了 1662 年，物理學家早就知道「折射」的現象，指光束穿過兩種物質之間的介面時會明顯轉彎。一個很好的例子就是空氣和水：把鉛筆插入一杯水裡，從旁邊看，鉛筆似乎彎曲成一個很不真實的角度。兩種構成介面的物質有不同的光密度，導致其中的光線用不同的速度行進，就會產生折射：把這些速度的比例放入稱為司乃耳定律（參見下一頁的說明框）的方程式，可以算出光束彎曲的角度。而我們不明白的是其中的道理。

費馬最後定理

費馬深悉其詳，提出了所謂的「最短時間定理」。在本質上，光線一定會採取兩個點之間最快的路線。這個基本假設，加上一點點數學，直接導出司乃耳定律。

有個比喻的方法還不錯：沙灘上的救生員想去救遭遇不幸的泳者。救生員在海灘上，離溺水的人有一段距離，表示他要跑過沙灘，然後要游泳。問題是：距離各有多長？

大事紀

西元前 984	西元 1622	西元 1744
阿拉伯數學家沙爾（Ibn Sahl）發表司乃耳定律的第一個實例	費馬認為，光線遵循最短時間定理	法國數學家莫佩爾蒂提出最小作用原理

救生員跟泳者之間最短的距離就是連接兩者的直線，所以你可能會覺得那也是最快的路線。其實不然，因為救生員跑步的速度比游泳的速度快。採取直線表示會花更多時間在水裡慢慢移動。沿著海灘跑，在最靠近泳者的地方下水也不是最好的選擇，因為行進的總距離太遠了。最快的路線則是在兩者之間取得平衡：採取對角線跑過海灘，目標是海岸線上謹慎算出的一個點，然後快速轉彎，直接朝著泳者游過去——跟光線折射一樣。

費馬原理的物理核證來自光的波動說，尤其是干涉現象——兩種波結合成一種的方法。如果一種波的波峰跟另一種的波谷重合，就會互相抵消——稱為相消干涉。另一方面，如果波峰跟波谷對齊，結果就是大波——相長干涉。對光線每條可能的路徑來說，都會有另一條以相消的方式來干涉，就抵消了。只有一個例外，便是當路徑的行進時間為最小的時候，所以，我們才會看到光線走這條路徑。費馬原理也解釋了光線在兩種介質間的介面上如何折射的定律，包括「全內反射」的現象，指高密度介質中的光以很淺的掠射角碰到表面時無法逸出。這就是光纖線的運作方式。

司乃耳定律

雖然用荷蘭數學家司乃耳（Willebrord Snellius）的姓氏來命名，而今日我們所知的定律其實早在六百多年前就有人闡述，要歸功於穆斯林數學家沙爾（Ibn Sahl）。

假設有兩種相鄰的介質，其間的光線速度是 v_1 和 v_2，光束與和介質介面成直角的線條之間的角度分別是 θ_1 and θ_2，可用下面的方程式算出

$$\sin \theta_1 / \sin \theta_2 = v_1 / v_2$$

（sin 是標準的三角函數）。

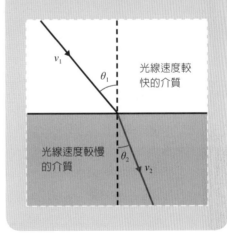

光線速度較快的介質

光線速度較慢的介質

西元 **1788**
拉格朗日（Joseph-Louis Lagrange）用莫佩爾蒂的原理發展出拉格朗日力學

西元 **1915**
德國數學家希爾伯特（David Hilbert）從某個作用導出愛因斯坦的廣義相對論

西元 **1948**
美國物理學家費曼闡述量子理論的路徑積分法

拉格朗日力學

分析複雜動力系統的行為原本難如登天，而義大利數學家拉格朗日用最小作用原理得出所謂的拉格朗日力學後，改變了這個情況。拉格朗日力學提供有系統的方法，如果問題涉及到許多物體因各種力的作用而移動，就可以解決——一個很好的例子是太陽與太陽系中環繞軌道運行的許多天體，它們的移動反應了彼此之間的重力交互作用。

拉格朗日的方法是設定每個物體的位置座標和速度，便能寫下「拉格朗日量」一般式——這個量指總動能減掉系統的位能。把空間和時間中所有可能路徑的量加總起來，就可以得到「作用」的公式（見第 7 頁），拉格朗日將之最小化以後，得出通用的方程式，可以描述每個物體的動作。

以太陽系為例，太陽和行星的相對速度代表總動能，每個天體相對於彼此的位置代表總位能，在這裡則來自重力。得出的運動方程式描述行星繞著太陽運行的軌道。

但後續的發展更值得注意。1744 年，另一位法國數學家莫佩爾蒂思索費馬原理是否能擴展，不僅能解釋光的行為，也能解釋移動物體的力學。他把費馬推論裡的時間改成物體沿著特定路徑前進時累積的動能。然後他推論，物體實際採行的路徑是作用量的最小值。

行動勝於一切

後來，義大利數學家拉格朗日與愛爾蘭物理學家哈密頓（William Rowan Hamilton）進一步加以改進。他們調整莫佩爾蒂定理，除了算出移動物體的動能，也能算出減掉儲能或位能的動能（舉個例子，從投石機射出的石頭一開始是零動能，但拉緊的橡膠繩儲存了大量的位能）。拉格朗日跟哈密頓指出，這個新的總量，稱為「作用」，在物體實際的路徑上會變成最小值。他們的方法很簡單，正好符合牛頓的運動定律（見第 8 頁），後來取名為「最小作用原理」。

大家很快也發現，將作用最小化，也能衍生出其他的物理學理論，包括電磁學和廣義相對論（見第 16 頁和第 28 頁）。要結合理論時，這個原理特別有力。比方說，電磁力和重力同時存在時，計算物體的行為只要算出兩種理論的作用重量，針對結合後的新作用，找出加以最小化的路徑。

在 1940 年代，美國物理學家費曼（Richard Feynman）以最小作用原理為基礎，創造出量子場論的「路徑積分」表述（見第 38 頁）。他指出，在未來某個時刻，算出每條可能路徑的貢獻總和，按路徑採用機率來分配權重，就能得出粒子狀態的機率分布。二十世紀的美國物理學家傑恩斯（Edwin Jaynes）甚至提議，物理學和資訊理論之間有很深刻的關聯（見第 52 頁）。

「自然界中所有作用都遵循節儉的原理。」

——莫佩爾蒂

費馬原理和最小作用原理成為物理學最強大的工具，現在科學家想聯合自然界所有的力（見第 48 頁），解釋宇宙的起源（見第 172 頁），都要從這兩個原理出發。

提要總結
光束會走最快的路徑

02 牛頓定律

1687 年，牛頓出版了一本書，在眾人眼中代表現代數學物理學的萌芽。他的革命核心有三大原理，涵蓋物體因為力的影響會如何表現。在二十世紀前，這些定律主導動作的物理學。

數百年前，牛頓的三大運動定律為日常物體的移動和互動提供最佳的描述——這個物理學的分支稱為「力學」。1687 年，經過大量實驗和理論研究後，牛頓出版了《自然哲學的數學原理》一書，簡稱《原理》，書裡也包含三大運動定律。在這之前，力學的主要理論來自希臘哲學家亞里斯多德——而十七世紀發展快速的實驗科學證實亞里斯多德的理論有嚴重的缺陷。牛頓的力學不僅率先提出精確的數學方程式，而這些方程式給出的答案也完全正確。

牛頓第一運動定律說物體會保持目前的靜止或等速運動狀態，除非遇到外力（義大利數學家和天文學家伽利略在 1632 年率先提出這個想法）。就本質而言，靜止的物體會保持靜止，已經在移動的物體則會以同樣的速度移動，朝著同樣的方向，除非施以外力。你可能會納悶，如果你沒拿好這本書，書為什麼會掉到地上，但那是因為重力施加持續往下的力量。在重力場外，或在實際上「零重力」的情況下，例如地球的軌道，物體解除靜止狀態後，其實會掛在空中，符合牛頓的預測。

大事紀

西元前 400	西元 1021	西元 1632
希臘哲學家亞里斯多德提出他對移動物體行為的想法	波斯哲學家比魯尼（Al-Biruni）認為加速度的概念就是速率的變化	義大利天文學家伽利略發布他對慣性的想法

力線

第二定律量化物體碰到外力時的動作變化。牛頓假設物體加速的方向跟力的方向一樣，速度符合數學方程式，力 = 質量 × 加速度。這表示在同樣的力作用下，較輕的物體加速的速度超過較重的物體：物體的質量減半，加速的速度會加倍。

巨大物體動作的阻力叫作「慣性」。可以從第一定律的角度來看。物體除非碰到外力，會保持靜止或持續動作，而物體的慣性——由質量掌管——會決定碰到外力時靜止或持續動作的狀態會得到多大的干擾。

牛頓的第三定律則是物體的相互作用。定律說，對於每個作用，都有同樣程度的反作用。因此當你坐在椅子上，你的體重因為重力作用而往下壓，椅子往上推的相反力道則予以平衡。構成椅子的原子和分子之間的化學鍵形成網路，產生這種物理學家心目中的「法向反作用力」。當然，這種化學架構不一定靠得住——如果你太重，椅子塌了，法向反作用力也會消失。

牛頓 (1643～1727)

牛頓生於英國林肯郡的伍爾索普。1661 年，他到劍橋三一學院念書。1665 年拿到學士學位，然後在伍爾索普隱居了兩年，躲避當時的大瘟疫。在這段不得不離群索居的時期，據說他發展出一些非常重要的想法。

1667 年回到劍橋後，牛頓獲選成為三一學院的院士。兩年後，才二十六歲的他得到盧卡斯數學教授席位，在英國，這是數學界的最高榮譽。

在傑出的事業生涯中，牛頓貢獻良多，除了運動物理學，也涵蓋重力、光學、液體、熱物理和數學。他造出全世界第一座反射望遠鏡，有些人甚至認定活動貓門也是他發明的。1703 年，他成為皇家學會的主席，這是全世界歷史最悠久的科學學會，1705 年獲得爵士頭銜。

牛頓一生未婚，而且樹敵無數，通常是因為爭奪科學發現的權利。到了晚年，他擔任英國皇家鑄幣廠的廠長，後來升任局長，他很驕傲他把幾十個造偽幣的人送上絞刑台。1727 年 3 月 31 日，他在睡夢中去世。據說他是「自然死亡」，但也有可能因為他常進行煉金實驗而引發汞中毒。

西元 1687	西元 1750	西元 1905
牛頓出版《原理》，發表三大運動定律	瑞士數學家歐拉（Leonhard Euler）將牛頓的定律擴展到剛體	愛因斯坦的狹義相對論首度違反牛頓的定律

反作用力的眞相

　　牛頓的第三運動定律解釋爲什麼扣下來福槍的扳機後，槍托會反彈到你的肩膀上。扣扳機會放開撞針，點燃子彈裡的火藥。膨脹的氣體把子彈往前推，但還好有牛頓的第三運動定律，相等的反作用力把來福槍往回推到你身上。順帶一提，這裡也可以用牛頓的第二運動定律 —— 力＝質量×加速度 —— 來解釋子彈的加速度爲何遠遠超過比較重的槍支。

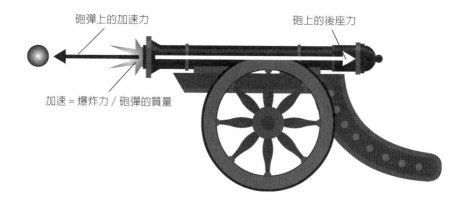

砲彈上的加速力

砲上的後座力

加速＝爆炸力／砲彈的質量

「自然和自然的定律
隱藏在夜色裡：上帝
說，『要有牛頓！』
就大放光明了。」

——英國詩人波普
（Alexander Pope，
1727 年）

　　嚴格來說，牛頓的定律僅適用於質量集中在空間中某一點的物體。這些定律是理論的理想化，簡化了計算，但無法描述全局。約莫在 1750 年，創意十足的瑞士數學家歐拉擴大牛頓的論述，也包括大小不爲零的剛體。他發現，如果你認爲物體的質量集中在其重力的中心，牛頓的定律依然適用。然而，他也發現還有其他的定律掌控物體旋轉的方式 —— 轉動的力是「扭力」，根據施加到物體上的扭力以及物體質量分布在中心周圍的確切方式，旋轉的方法也不一樣。最後的牛頓—歐拉方程式正確描述出眞實世界裡的物體。

後續發展

　　後來科學家發現，在極端的情況下，就連這些定律也無法廣納全局。1905 年，愛因斯坦提出狹義相對論（見第 24 頁），物體的行進速度若接近光速，行為就跟牛頓的預測截然不同。

　　後來，愛因斯坦的廣義相對論（見第 28 頁）指出，在強大的重力場中，分歧還要更嚴重。同時，在 1920 年代，科學家也發現，在物質的次原子粒子規模上，牛頓物理學有順序的決定性觀點被量子力學的隨機性取代（見第 32 頁）。然而，牛頓的運動定律在速度和長度的規模上仍表現得很出色，也適用於今日無所不在的重力。在這套制度下，數百年來持續的實驗研究證實了這些定律，它們也能精確描述一切的動作，從相碰的撞球到繞著太陽運行的行星。

提要總結
移動的物體遵循三個數學規則

03 牛頓重力

1687 年，牛頓發表史上第一套重力的數學理論。從拋射體通過空氣的動作到行星繞著太陽運行的軌道，無所不包——當然也不能忘了從樹上落下來的蘋果。牛頓的理論可運用的範圍不勝枚舉，太空旅行和衛星電視都包含在內。

除了三大運動定律（見第 8 頁），牛頓 1687 年出版的大作《原理》也針對重力提出精確的論述。牛頓的萬有引力定律自然符合他最重視的數學精確度，解釋各種現象，包括滾下山丘的球和行星的軌道。重力定律說，兩個巨大物體之間的重力跟兩者的質量相乘成比例，再除以兩者之間距離的平方。質量若加倍，重力也會加倍。然而，兩者之間的距離若加倍，重力就會變成原來的四分之一。這是相對來說很簡單的數學關係——牛頓研究掉落物體的行為及行星上運動的天文數據後得出這個結果。

落下的蘋果

定律說，地球上從靜止狀態解除的物體，例如從樹上掉下來的蘋果，會加速度落向地面，速率完全由行星的質量和體積決定。在地球表面上，重力造成的加速度是每秒 9.8 公尺。也就是說，對於自由墜落的每一秒鐘，往下的速度每秒會增加 9.8 公尺——與掉落物體的質量無關。垂直往上丟的物體一開始會用同樣的速率流失速度，最後再往下落。速度弧線帶有水平要素的物體則在彎曲的軌道上，稱爲拋物線，回

大事紀

西元 1609～1619	西元 1666	西元 1687
德國數學家克卜勒 （Johannes Kepler） 發表行星運動的三大定律	虎克（Robert Hooke）在皇家學會發表他一開始對重力的想法	牛頓在著作《原理》中提出完整的重力理論

到地球表面時則會離開原點。

　　將牛頓重力套用到地球上的拋物線，就實際而言只是近似值，因為大氣層提供空氣阻力——移動的物體會因這股拉力而變慢，速度很快的話更加明顯。空氣阻力按落下物體的空氣動力特質，為其速度加上所謂的「終端速度」。比方說，朝著地面往下跳的跳傘者終端速度最高為每小時 530 公里。打開降落傘後，速度會減少為每小時 28 公里。但是在月球上，幾乎沒有大氣層，牛頓的預測就非常準確——美國太空人雪帕德（Alan Shepard）偷偷把六號高爾夫球鐵桿帶上阿波羅十四號，1971 年執行月球降落任務時就證實了這一點。雪帕德說，他打出去的高爾夫球飛得「很遠很遠很遠」。

牛頓的重力定律

從數學的角度來看，牛頓的萬有引力定律說，如果有兩個物體，質量分別是 m_1 和 m_2，中間的距離是 r，物體會體驗到另一個物體的吸引力 g，用下面的公式計算：

$$g = G \frac{m_1 m_2}{r^2}$$

G 是重力常數，6.67×10^{-11}（6.67/100000000000）。吸引力 g 的單位是牛頓，1 牛頓會讓 1 公斤的質量在每 1 秒增加每秒 1 公尺的速度。

進入運行軌道

　　從地球射出的拋射體速度持續增加，最後就不會落下。物體會進入運行軌道——無止盡地繞著行星轉。繼續加速，軌道會愈來愈寬，等地球的重力也抓不住物體，拋射體就會飛進太空深處。牛頓特別自豪他的理論具備這種「通用性」——除了可用在地球表面，也適用於幾百萬英里外的太陽系邊緣。他利用理論，用數學衍生出克卜勒的行星運動定律，來證實他的想法（見第 166 頁）。

　　然而，並非所有人都同意牛頓的研究結果真的成功了。英國的自然哲學家虎克控訴牛頓抄襲，宣稱他已經想到「平方反比定律」，造出重

西元 **1798**	西元 **1916**	西元 **1945**
英國物理學家卡文迪許（Henry Cavendish）率先在實驗室裡測試牛頓的重力	愛因斯坦的廣義相對論在極端的情況下取代了牛頓的理論	克拉克（Arthur C. Clarke）用牛頓的重力定律奠定衛星通訊的基礎

砲彈實驗

牛頓設計了思想實驗來證實他新推出的重力定律除了可以論述從樹上掉下來的蘋果，也適用於繞著太陽運行的行星。他假設有座大砲，從高山的山頂水平射出砲彈。砲彈的拋物線由砲彈的速度和地球重力的引力決定。

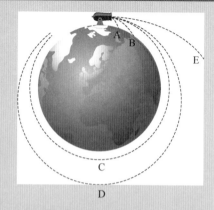

砲彈的速度相對來說不快，受到重力的影響，往下朝著地球表面畫出弧線（圖上的 A）。加快砲彈的速度，落地點變得離山頭更遠（路徑 B）。最後，砲彈的速度高到地球的球面傾斜度跟砲彈落下的角度一樣，砲彈就永遠不會落地。反而會繞著地球轉（路徑 C）。速度更快的話，軌道會變成更寬的橢圓形（路徑 D），到最後，地球的重力拉不住砲彈，砲彈就會飛到太空裡（路徑 E）。這時的速度稱為「逃逸速度」，純粹由行星的重力決定，跟砲彈的質量無關：在地球上，這個速度是每秒 11.2 公里。

力的模型（牛頓方程式裡的分母 r^2 那一塊——見第 13 頁的說明框）。的確，虎克早在 1666 年就在皇家學會提出重力的想法，但現代史學家認為重力遵循平方反比定律的概念已經出現了一陣子，功勞不能全歸於虎克或牛頓。無可爭議的是，牛頓第一個付出額外的心力，發展出完整的理論，也證實無誤。

重力常數 G

等到 1798 年，英國物理學家卡文迪許才進行第一次的牛頓重力實驗室試驗——牛頓此時已經作古七十年。卡文迪許用叫作「扭秤」的儀器，測量電線上的扭轉力，量出鉛錘之間的重力吸引力。實驗結果證實了理論，也首次得出牛頓方程式裡的比例常數 G——目前估計是 6.67×10^{-11} m^3/kg/s^2。

牛頓的重力繼續盛行了一百二十年，直到愛因斯坦發布他的廣義相對論，一種新的方法，包括空間和時間的彎曲（見第 28 頁）。愛因斯坦解決了牛頓理論引出的各種異常現象，比方說無法解釋水星的奇怪軌道，以及光線在太陽旁邊變得扭曲。然而，只有在強大的重力場裡，

廣義相對論的預測才會跟牛頓的模型明顯不同，而牛頓的理論較爲簡單，今日仍能用於氣象預報和太空船軌道的計算。

値得一提的是，英國科幻小說作家克拉克在 1940 年代發覺，牛頓的定律表示，在地球上的特定海拔高度，衛星能用地球自轉的同等速度在軌道中行進 —— 每二十四小時走完一圈。從地面上看，衛星看似懸在空中。這些「克拉克軌道」的高度是海拔 35786 公里，現在成爲衛星通訊的基礎，每日將資訊與娛樂傳遍全世界。

「我能算出天體的運動，但算不出人的瘋狂度。」

——牛頓

提要總結
上去的東西一定會下來
其實也說不定

04 電磁學

現代最偉大的一種科技工具便是透過無線信號的行動通訊。但這要歸功於十九世紀的一連串發現，到馬克斯威爾（James Clerk Maxwell）發覺電力與磁力基本上是一體兩面後來到頂點。

丹麥物理學家厄斯特（Hans Christian Ørsted）在做實驗的時候，率先發現電力與磁力的關聯。1820 年，他發現電流通過電線時，旁邊磁羅盤上的指針也會移動。厄斯特移動羅盤後，發現磁力線在電線周圍描出一圈一圈的軌跡。同年，法國物理學家安培（André-Marie Ampère）聽說厄斯特的發現，想制定理論來解釋這個現象。他看到兩條平行電線上的電流如果走同一個方向，周圍的磁場會讓電線相吸，電流方向相反時，電線則會相斥。他用數學式來表達這個行為，就是所謂的安培定律，用產生磁場的電流可以算出電線周圍的磁場，也能算出兩者之間的力。

電流二三事

1831 年，英國物理學家法拉第（Michael Faraday）證實了相反的效應。他把電池連到絕緣電線的線圈上，電線則繞在鐵環的一側。在鐵環的另一側，他繞了另一個絕緣電線的線圈，連到電流計上（測量電流的設備）。打開左邊的線圈時，法拉第注意到右邊的電流計測到短暫的電流。左邊的線圈在鐵環上產生了磁場，導致右邊的線圈有電流流過。

大事紀

西元 1820	西元 1820	西元 1831
厄斯特發現電流會引發磁場	安培為厄斯特的觀察發展出理論	法拉第證實磁場如何產生電流

把普通的磁鐵放在右邊的線圈旁邊，也有同樣的現象。法拉第做出結論，時變磁場會製造出電流，這個效應現在稱為感應。他用這個原理製造出第一座發電機。

1861 年，蘇格蘭物理學家馬克斯威爾的突破完全揭露了電力與磁力之間複雜的相互作用。馬克斯威爾任職於倫敦的國王學院，他將法拉第、安培、厄斯特等人的發現去蕪存菁，歸類出四個耦合方程式。不論電荷及／或電流是什麼位形，方程式都能確切算出最終的電場與磁場有什麼行為。最後這四個方程式也稱為馬克斯威爾方程式。

第一個和第二個方程式摘錄德國物理學家高斯（Carl Friedrich Gauss）早期的研究。高斯證明靜態電荷周圍的電場會按電荷大小等比例增長——這是馬克斯威爾的第一個方程式。第二個方程式基本上指出，一個點周圍的淨磁場為零。第一個方程式的意思是，電荷周圍的電場線呈放射狀朝外——因此淨電場會留下電荷。然而，第二個方程式陳述，同樣的原理不適用於磁力。等於換個說法陳述雖然孤立電荷（「單極」）能自由存在，但磁極一定要成對（「雙極」），因此場從這個極離開，然後進入另一個極。這符合我們的體驗：磁鐵一定有北極和南極。

馬克斯威爾的第三個方程式重述法拉第的發現，一個點周圍的電場（對等物是流過電路的電流）由磁場隨著時間的變化比例來決定。最後，第四個方程式則延伸安培定律——簡單描述一個點周圍的磁場來自電流。為了配合第三個方程式，馬克斯威爾修訂安培定律，納入時變電場饋給磁場的電流。

「我碰巧發現了磁力和光線的直接關係，以及電力和光線的直接關係，從此開啟了一個廣闊無比的領域，想法源源不絕。」

——法拉第

西元 1835
高斯說明靜止電荷周圍的電場和磁場

西元 1861
馬克斯威爾統一電力和磁力，擬出四個方程式

西元 1864
馬克斯威爾用他的新理論預測電磁波的存在

馬克斯威爾發覺，變化的電場會產生磁場，而變化的磁場也會產生電場，很快引發另一次重大突破。他證明在沒有電荷或電流的情況下，一對時變電場和磁場能在真空中共存。電場或磁場的強度以穩定的節奏上升下降——用一個場的振動透過馬克斯威爾的第三個或第四個方程式來驅動另一個場。馬克斯威爾發現了電磁波，當他算出電磁波通過太空的速度——按他的方程式來看，其實只是真空中電力和磁力特性結合的成果——他的數字非常接近現有的光速（每秒 299792458 公尺）。他在 1864 年發表的結論很簡單：光本身就是電磁波。

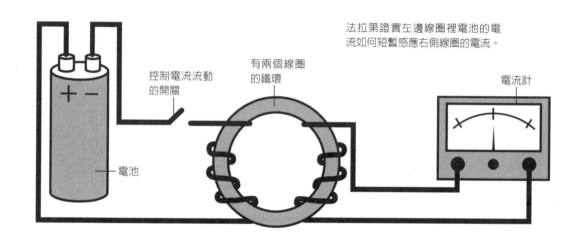

法拉第證實左邊線圈裡電池的電流如何短暫感應右側線圈的電流。

控制電流流動的開關

有兩個線圈的鐵環

電流計

電池

波的力量

可見光的波長介於 380 到 760 奈米之間。但馬克斯威爾的理論預測宇宙間的波有各種波長。有些我們已經發現了，例如紅外線和紫外線，但還有很多等我們去找出來。1888 年，德國實驗物理學家赫茲（Heinrich Hertz）因為馬克斯威爾的理論，用儀器產生和偵測波長介於一毫米和幾公尺之間的電磁波。後來才知道是無線電波，也是今日無線通訊的核心。

跟牛頓的力學一樣，馬克斯威爾的古典電磁學理論在二十世紀早期到中期，被新的論述壓倒了（見第 36 頁）。但馬克斯威爾的方程式本身就是一場革命。它們除了為物理學家提供場的重要概念，也有一種「統一」的概念——將自然界所有的基本力併入包羅萬象的萬物論裡，這個目標也是當代物理學研究的中心思想（見第 48 頁）。

馬克斯威爾 （1831～1879）

馬克斯威爾 1831 年生於愛丁堡。他八歲前在家自學，但已經展現出驚人的智力。他的母親過世後，他被送到愛丁堡公學受教育。一開始他很難融入，但十三歲前就開始贏得獎項。十四歲的時候發表第一份科學研究論文。論文主題是用弦畫出幾何曲線，也以他的名義在愛丁堡皇家學院發表。

1847 年，馬克斯威爾進入愛丁堡大學就讀。他在那裡又發表了兩篇論文，1850 年搬到劍橋，一直待到 1856 年。在亞伯丁大學的馬歇爾學院擔任系主任四年後，他接受倫敦國王學院的教授職位，在那裡發展出偉大的電磁學理論。

1858 年，馬克斯威爾與凱瑟琳結婚，但沒有生兒育女。1879 年，他四十八歲，死於結腸癌，埋葬在蘇格蘭加洛威的巴頓墳場。

提要總結
電力與磁力是一體兩面

05 熱力學

工業革命時，為了提高蒸汽引擎的效率，科學家更進一步研究熱、能量和運動之間複雜的相互作用。今日，熱力學的應用五花八門，涵蓋飛機設計以及對宇宙命運的推論。

溫度和動作的關係密切，你或許已經發現，用腳踏車打氣筒的時候，打氣筒會變熱，噴體香劑的時候，擴散的蒸汽碰到皮膚會覺得涼。熱力學是物理學的一支，掌管林林總總的過程。熱力學決定熱（因為本身溫度而鎖在物理系統裡的能量）怎麼變成「功」（物理學家用這個字來代表有用的機械動作）。比方說，壓下打氣筒的時候，你對裡面的空氣施加機械功，空氣轉成熱，溫度升高。體香劑的道理也一樣，但效果相反，把熱轉為機械功，在氣體擴散時變冷。

熱力學的研究從十七世紀末開始，英國物理學家虎克和波以耳（Robert Boyle），以及德國發明家馮格里克（Otto von Guericke），分別造出機械式打氣筒。研究這些新發明後，波以耳和虎克發現，氣體的行為遵循很簡單的定律——也就是說，氣體的壓力跟體積成反比：一個變少後，在同樣的條件下，另一個會增加。

蒸汽時代

1697 年，英國發明家沙佛里以這些概念為基礎，創造出第一座能運轉的蒸汽引擎——這個裝置把蒸汽裡的熱能轉換成活塞軸的動作。1712 年，紐科門（Thomas Newcomen）更進一步，造出的引擎賣到英

大事紀

西元 1698	西元 1738	西元 1824
沙佛里（Thomas Savery）為早期的蒸汽引擎設計申請專利	白努利（Daniel Bernoulli）發表動力理論的基本原則	卡諾（Sadi Carnot）出版有關蒸汽引擎效率的研究結果

國各地。十七世紀晚期，蘇格蘭工程師瓦特（James Watt）再加以改進——但瓦特的引擎只能讓蒸汽裡大約 3% 的能量發揮功效。後來，法國的軍事工程師卡諾找出了理由。1824 年，卡諾發現蒸汽引擎需要溫差才能運作——活塞一側的熱氣膨脹，壓下另一側的冷空氣，活塞才會移動。增加溫差，引擎的效率也會提高。因著這項發現，蒸汽引擎的效率在十九世紀中以前躍進到 30%。

但沒有轉換的能量去哪裡了？1850年，德國物理學家兼數學家克勞修斯提出「熵」的概念來描述這種基本上無用的餘熱。熵可以想成是熱機的「無序度」。低熵表示引擎處於高度有序的狀態，冷熱分明（也就是效率很高的引擎）。另一方面，高熵引擎則溫度沒有太大變化：熱流很小，能抽取的有效功不多。

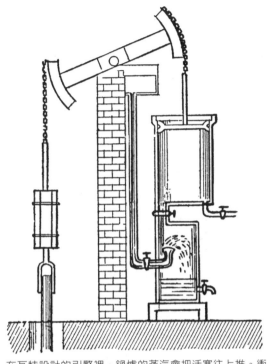

在瓦特設計的引擎裡，鍋爐的蒸汽會把活塞往上推。衝程到頂後，凝汽閥打開，熱蒸汽湧入冷凝器，用冷水快速冷卻。氣壓接著驅動回程，把活塞推回一開始的位置。

無序狀態

克勞修斯進一步推論出，熵一定會增加。把熱的跟冷的物體並置（低熵狀態），熱物體的熱會流向冷的物體，直到兩者的溫度相同（高熵）。他把這項觀察歸納為今日的熱力學第二定律：熵會增加。另一

西元 1850	西元 1906～1912	西元 1935
克勞修斯（Rudolf Clausius）率先提出熱力學第一和第二定律的論述	能斯特（Walther Nernst）提出熱力學第三定律的構想	「熱力學的第零定律」第一次出現

「世界上的一切都捉摸不定，除了死亡、稅款和熱力學第二定律。」

——羅伊德（Seth Lloyd）

個很好的例子則是中間有隔層的盒子，兩側放了不同類型的氣體。這是高度有序的低熵狀態。去掉隔層，氣體慢慢混在一起。最後整個盒子裝滿了兩種氣體均勻混合的成果——這是高熵的無序狀態。相反的狀態則不太可能，也就是混合的氣體自發分開。

然而，要局部違反第二定律還是有可能。比方說，車子內部的溫度跟外面一樣——高熵狀態。打開空調，提高溫差，熵大幅降低。但放大規模來看，車子引擎必須額外運轉才能提供空調的動力，而且，因為引擎的功率無法達到 100%，產生的熵提高程度一定超過車內局部降低的溫度。因此整個宇宙的熵依然會增加，第二定律依然有效。

執行定律

熱力學共有四個定律。第一個說，物體內部的熱能增加，只是進入物體的熱減掉物體的功。第三定律說，零度也對應到零熵。「第零」定律則在其他三個之後確認，但最為基本，這個定律說如果物體 A 跟物體 B 達成熱力學平衡（兩者之間沒有熱流動），且物體 A 與物體 C 達成熱力學平衡，那物體 C 和 B 必然也平衡。

即使一開始提出是為了發展機械系統，熱力學很快就找到了其他用途——描述化學反應中的熱能轉換現象，及天氣系統的行為。熵也變成統計學和資訊理論的強大概念（見第 52 頁）。

天文物理學家霍金和同仁發現與黑洞物理學極為相似的現象（見第 190 頁），用對應到熱力學四大定律的四個數學定律來論述。同時，從宇宙的規模來看，第二定律指出熵一定會增加（見第 184 頁），也用來描述宇宙死亡時可能出現的場景。

小小世界

古典熱力學描述物體的大規模、「宏觀」行為，用大量來描述，例如溫度和壓力。瑞士數學家白努利在 1738 年的著作《流體力學》中，把熱力學用在更小的單位上──原子和分子。他提要描述所謂的動能──氣體的溫度由成分粒子的個別動作來決定。這些粒子敲打你的皮膚，引起熱的物理感受。

後來，科學家發現氣體中所有的粒子並非用相同的速度前進。蘇格蘭物理學家馬克斯威爾和奧地利物理學家波茲曼（Ludwig Boltzmann）想出統計分布，算出特定溫度下以特定速度移動的數目。統計力學從此誕生──把機率和統計學應用在物質的微物理學上，以便針對其宏觀物理學來做出預測。

在二十世紀，統計力學向前躍了一大步──結合新發現的量子力學定律，而量子力學掌管的正是次原子粒子的行為（見第 32 頁）。在量子的世界裡，機率的運作很不一樣。這一點與其他新發現專屬於量子的行為，急遽改變了所引發的熱力學。

提要總結

熱遵循一套嚴格的物理定律

06 狹義相對論

1905 年，沒沒無名的德國科學家愛因斯坦重寫數百年來掌管移動物體行為的定律，永久改變我們對世界的看法。根據愛因斯坦的狹義相對論，接近光速的運動能扭曲現實，甚至減慢時間的速度。

愛因斯坦的相對論不是全新的想法。早在十七世紀，義大利科學家伽利略就第一個發覺我們感知到的物體運動完全取決於觀察者的運動。如果你以時速五十公里的速度開車，從你的參考系來看，對向同樣速度的車流似乎以時速一百公里的速度對著你衝過來。同樣地，如果你的車子旁邊有一台車，方向跟你一樣，速度也一樣，那相對於你的運動來說，這台車看起來似乎靜止不動。伽利略提出了數學規則來計算物體相對於另一個物體的速度。

然而，到了十九世紀末，年輕的愛因斯坦覺得很納悶，運動物體中要是有一個改成光束，會怎麼樣。要是你能跟著光束一起前進，看到看似靜止的光束呢？他沒有運輸工具能用逼近每秒 30 萬公里的速度來推動，也發現這個想法的基本問題。

根據馬克斯威爾的電磁學理論（見第 16 頁），光速是自然界的宇宙常數。也就是說，對所有的觀察者而言應該都一樣——不論是靜止，還是在加速的火箭上。伽利略的相對論一定有問題，但既然能合理解釋日常的體驗，愛因斯坦猜想，問題一定跟光速本身有密切的關係。

大事紀

西元 1632	西元 1818	西元 1864
義大利物理學家伽利略提出自己的相對論	法國科學家菲涅耳（Augustin-Jean Fresnel）研究出光的波浪理論	馬克斯威爾證明光速永不改變

進入以太

自從菲涅耳在十九世紀初發展出光的波浪理論後，科學家就假設光波會穿越某種媒介——就像水中或弦上的波。但這個叫作「光以太」的媒介，證實了很難偵測。1887年，兩名美國物理學家邁克生和莫雷設定了實驗，想測量地球的動作。他們失敗了，卻引發研究風潮，想找出理由。最值得注意的是荷蘭物理學家洛倫茲，他發現，如果移動物體朝著運動方向略微收縮，結果就能跟一個以太的存在保持一致。他甚至提出數學公式來支持他的想法。

愛因斯坦（1879～1955）

1879年3月14日，愛因斯坦生於德國的烏爾姆。1896年他遷居瑞士逃避兵役，在蘇黎世聯邦理工學院研讀數學和物理學，然後在伯恩的專利局擔任職員。工作期間若有閒暇，他就研究狹義相對論。他的理論在1905年發表，後來在1915年發布廣義相對論。

1921年，愛因斯坦因為他在光電效應（用光發電）上的研究成果而獲得諾貝爾獎，而不是因為相對論。他後半輩子都在尋找一個能統一自然界力量的理論，但不見成效（見第48頁）。

愛因斯坦結過兩次婚，據說還有不少風流韻事。（檯面上）有三個小孩。他是猶太人，在1930年代搬到美國，躲避歐洲愈發熾烈的法西斯主義。最後他來到普林斯頓大學，一直待到1955年4月18日，享年七十六歲。

我們現在知道以太根本不存在：光是一種電磁能量波，不需要媒介就能穿越真空。邁克生和莫雷注定要失敗，但洛倫茲的研究並未成為浪費：愛因斯坦發覺洛倫茲的公式正符合他的需要，因為伽利略的相對論牴觸馬克斯威爾電磁學要求的光速恆常，可以用公式來消除歧異。公式用等於 $\sqrt{1-v^2/c^2}$ 的因數來放大縮小伽利略相對論中的幾個數量，v 是移動物體的速度，c 是光速。在這個架構裡，低速（v 很小）的時候，伽利略的預測沒有問題，但等 v 接近 c 的時候，結果就很不一樣。

西元 **1887**

邁克生（Albert Abraham Michelson）和莫雷（Edward W. Morley）偵測不到光波穿越的媒介

西元 **1895**

荷蘭物理學家洛倫茲（Hendrik Lorenz）發表他的長度收縮公式

西元 **1905**

愛因斯坦出版完稿的狹義相對論

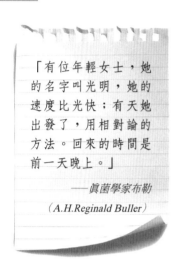

「有位年輕女士，她的名字叫光明，她的速度比光快；有天她出發了，用相對論的方法。回來的時間是前一天晚上。」

——真菌學家布勒
（A.H.Reginald Buller）

扣斤壓兩

　　正如洛倫茲一開始就證實，新的理論要求快速移動的物體在運動的方向上收縮。比方說，以光速的 86% 的速度前進的太空船長度會變成原來的一半。但還有更奇怪的事。狹義相對論把空間和時間放在同樣的立足點上，只是在叫作「時空」的四維構造裡是不同的維度。因此，洛倫茲的公式表示，因數也會扭曲時間。在同一艘太空船上，以光速的 86% 的速度前進，時鐘跟靜止時比起來，滴答聲的頻率只有原來的一半。如果太空船離開地球，用這個速度前進一年（按船上的時鐘來計算），太空人回來後會發現過了兩倍的時間——地球上已經過了兩年。這個效應叫作「時間膨脹」。

　　狹義相對論的預測很怪異，但在粒子物理學實驗中常得到驗證（見第 40 頁），此時次原子粒子加速到接近光速的速度，撞在一起，創造出一陣陣奇特的新粒子。這些新粒子大多不穩定，在預測得到的時標上衰敗。可以預測，則是從粒子本身的參考系而言：速度接近無限時，衰敗時間似乎拉長了，正好符合時間膨脹。

　　時空的統一還有另一個深刻的影響。在一般空間的三個維度裡，移動物體有個特質叫作動能——因為運動而擁有的能量。愛因斯坦把這個概念擴充到四個維度後，他發現物體穿越時間的運動無法阻擋，因而也有能量。靜止物體也有這種所謂的靜質能，可用現在十分出名的公式 $E = mc^2$ 算出來，能量等於質量乘以光速的平方根。

　　損失質量時，會釋放出能量，愛因斯坦的公式告訴我們結果是多少。比方說，燒一塊木頭，然後計算質量的變化（木頭一開始的質量減去殘餘的灰燼和煙），再乘以 c^2，就能算出釋放的能量。

超越光速？

物體移動的速度接近光速時，會發生很奇怪的事。但超越光速後會怎麼樣？愛因斯坦發現，物體加速時，有效質量也會增加。物體運動的慣性或阻力也會跟著增加，更難繼續加速。以光速前進時，有效質量是無限大，表示有質量的物體無法達到光速：狹義相對論施加了宇宙中的速限。

此外，來到光速時，時間膨脹表示時間真的靜止不動。如果你能超越光速，實際上你會看到時間開始倒轉，但狹義相對論似乎排除了時空旅行的可能性。

裂開吧

到了 1930 年代晚期，科學家發現，分裂重元素鈾的原子核，會產生兩個新核，加起來的質量卻跟鈾的質量不一樣。如果一團鈾裡的原子核都能用這種方法分裂，表示會釋放出非常巨大的能量。相對論出現後，也讓科學家發現核能（見第 44 頁）。今日，相對論是基本物理學研究的指導原則，小至次原子粒子，大到整個宇宙，都涵蓋在內。

提要總結
你對現實的看法取決於
你的運動狀態

07 廣義相對論

努力十年後，愛因斯坦將重力結合到他的相對論裡。廣義相對論的新模型原理在於彎曲狹義相對論裡平面的空間和時間。廣義相對論能解釋牛頓重力定律的不規則現象——也讓衛星導航得以成真。

愛因斯坦的狹義相對論（見第 24 頁）是人類想像力非凡的勝利。但狹義相對論的設計不完全，僅適用於特殊案例，也就是以穩定速度移動的物體。1905 年，狹義相對論發表後，愛因斯坦繼續將理論擴展到通例，也就是隨意加速的物體，比方說因重力而掉落的物體。

重力的最佳理論，牛頓的萬有引力定律，1687 年出版後就獨占鰲頭（見第 12 頁）。但牛頓的模型一看就跟相對論的原理不一致，重力定律說，重力會即刻穿越空間傳播出去，相對論則指出沒有東西的速度能超越光速。

G 力

伽利略之前的實驗讓愛因斯坦懷疑，重力的作用可以總結為就是加速度的速率（伽利略從比薩斜塔頂上丟下不同重量的球——證實它們落下的速度一樣）。愛因斯坦策劃了一個思想實驗，在密閉房間裡把球水平射出來。他發覺，如果你在旁觀看，你無法確定球飛過去的弧形來自重力，還是因為整個盒子在無重力狀態，可是正用自己的動力往上加速：兩者觀察到的效應一模一樣。愛因斯坦曾說，這項發現是「我一生

大事紀

西元 1687	西元 1854	西元 1905
牛頓出版著作《原理》，內容包含重力定律	德國數學家黎曼（Bernhard Riemann）完成他的微分幾何論文	愛因斯坦發布狹義相對論，描述以接近光速的速度移動的物體

中最快樂的思想」。

　　後來的思想實驗讓他看到加速度與彎曲之間的關聯。愛因斯坦想像有一個快速旋轉的盤子：讓物體在圓形路徑上移動，需要朝著圓形中心的加速度。因為狹義相對論的「長度收縮」效應（見第 26 頁），盤子的圓周會縮小，而要縮小圓周，但盤子的半徑不變，只有在盤子彎曲成碗狀的時候才能實現。

「不論你再怎麼努力教你的貓咪什麼是廣義相對論，你都不會成功。」
——物理學家葛林（Brian Greene）

尋找重力場方程式

　　因此，愛因斯坦深信，將彎曲加入狹義相對論扁平的四維「時空」，就能解釋重力。重點在於精確算出空間的內容如何決定曲線。一直到 1915 年，愛因斯坦都致力於找出這個問題的答案。

　　愛因斯坦追尋的目標是叫作「重力場方程式」的關係，基本上就是讓一邊的曲線測量等於另一邊的「源項」。按照牛頓的重力定律，源項就跟質量有關。狹義相對論指出，質量和能量相等（按著知名的方程式 $E = mc^2$），因此可以預見，質量和能量都會出現在重力的相對論裡。事實上，愛因斯坦發現，能量、質量、壓力和動量都有關係。

　　有了重力場方程式，物理學家可以確切算出空間和時間被物質分布彎曲了多少。接著就可以算出移動物體的軌道——就像彈珠滾過彎曲橡皮墊上高低起伏的路徑。

　　馬上就有人確認愛因斯坦的確找到了正確的重力場方程式。按著廣義相對論，重力不只會彎曲固體的路徑，也會彎曲光線的路徑。愛因斯坦預測，很靠近太陽的星光應該會彎曲 0.0005 度。而在太陽強烈

西元 **1915**	西元 **1919**	西元 **2016**
愛因斯坦的廣義相對論將重力納入狹義相對論	艾丁頓（Arthur Eddington）測出太陽旁的光線會彎曲，證實廣義相對論	國際性的 LIGO（雷射干涉儀重力波觀測站）合作計畫宣布他們發現了重力波

計算曲率

在發展彎曲空間的重力理論時，艾丁頓需要找到能量化四維時空曲線的數學工具。

他很幸運，在十九世紀下半，德國數學家黎曼提出突破性的想法，「微分幾何」——用代數把二維平面中的幾何學基本原則擴展到任意曲線的更高維度空間。

在空間和時間的四維裡，黎曼的形式主義歸納十個數字，指派給空間中的每個點，打包成叫作「張量」的數學物件。廣義相對論的重力場方程式就能從空間的有形內容決定張量的元素。

的照射下，很難看到這麼細微的效應。英國天文學家艾丁頓找到解答——在日全食的時候測量光線的彎曲，此時陽光被月亮遮住了。1919年，他在日食時觀察星光，就符合廣義相對論。

今日的科學家則從更大的規模來觀測重力造成的光線彎曲。湊巧對準的時候，遙遠星系的光線會因此被居間星系或星系團的重力聚焦，這個結果叫作重力透鏡效應。遙遠星系被透鏡放大，通常會看到好幾個星系的影像。1979年，天文學家在大熊座首次發現真正的重力透鏡。

胡來的水星

廣義相對論也釐清了古老的謎團。1859年，法國天文學家勒威耶（Urbain Le Verrier）注意到水星的軌道有些古怪。繞著太陽的行星軌道本是橢圓形，而過了一段時間會勾畫出玫瑰花的模樣。牛頓的重力無法解釋為什麼，但用廣義相對論重新計算行星軌道後，輕鬆用數學算出這個「近日點進動」。

不過，用全球定位系統的人或許每天都會觀測到廣義相對論最偉大的證據。衛星導航系統的運作一定會用到廣義相對論。因為從衛星軌道發射到地球表面的信號「落入」地球的重力場時，會獲得少許能量。全球定位系統用愛因斯坦的數學來修正受到這個效應影響的衛星時間信號。沒有廣義相對論，地點就會差了好幾英里。

拼圖始終少了一塊，一直到最近才發現。廣義相對論說，重力強大的時變來源，例如彼此繞著轉的鄰近黑洞，一定會放出「重力波」——太空中的漣漪。通過的重力波會導致兩點之間的距離出現短暫的扭曲，

但能測量得到。扭曲的幅度很小，因此科學家花了整整一個世紀才偵測到重力波（見右側的說明框）。這項發現開啓了宇宙全新的窗口，讓科學家可以期待對重力物理學（見第188頁）和大爆炸（見第172頁）有新的洞察。

尋找重力波

2016年2月11日，跨國合作的天文學家宣布歷史性的發現，偵測到了重力波。南半球空中的兩個黑洞合而爲一，LIGO計畫看到隨之爆出的重力波。

兩座巨大的雷射干涉儀偵測器同時捕捉到信號——一座在美國路易西安那州的利文斯頓，一座在華盛頓州的漢福德。兩座偵測器都有雙臂的L型結構，臂長數公里。雷射光沿著長臂射出，到了L的頂點，光束結合形成干涉圖形，就被鏡子反射回來。重力波通過時，導致雙臂的相對長度產生微小的變化，改變干涉圖形。因爲兩座LIGO偵測器看到一模一樣的變化，因此不可能是隨機的雜訊。

提要總結
重力因空間和時間彎曲而引起

08 量子力學

在十九世紀，科學家首次察覺力學定律或許有誤——力學指物體在力作用下的移動方式。後來科學家發現，他們需要細微到原子等級的新理論。

對光線的了解掀起革命，也成為一切的源頭。物理學家一直在爭議光線的組成分子是波還是粒子。1803 年，英國物理學家楊格（Thomas Young）證實了光束確實是波，兩道光束能形成漣漪般的干涉圖樣，就像水波碰撞在一起一樣。之後在 1905 年，愛因斯坦對光電效應的解釋折服眾人，再度引發爭論——他說，受到光線照射時，某些金屬能產生電力。

普朗克的量子

德國物理學家普朗克（Max Planck）是愛因斯坦的同事，他的研究啟發了愛因斯坦。普朗克早幾年成功解釋了灼熱物體的溫度和物體放出光線頻率之間的關聯（他解釋，受熱的火鉗愈來愈熱時，為什麼會從橘色變成白色）。這個問題讓物理學家困擾已久，普朗克的洞見指出光線射出時時離散的組集，每個組集的能量為其頻率乘以 6.63×10^{-34}，這個數字稱為普朗克常數。

這個假設直接產生正確的答案，但普朗克本人認為這只是光波行為的癖性以及光線和物質的互動。然而，愛因斯坦卻認真把組集詮釋為光線實際的粒子，也就是「量子」。他認為這個模型和光電效應有關。

大事紀

西元 1803	西元 1900	西元 1905
楊格證實光的行為跟波一樣	普朗克用光的粒子理論解釋熱輻射	愛因斯坦用普朗克的理論解釋光電效應

問題的要點在於，解釋為何只有超過某個頻率的光線能產生電流。就愛因斯坦看來，很直接：光的量子與金屬中的電子碰撞，像撞球一樣，但只有能量足夠的量子能脫離金屬，產生電流——按著普朗克的公式，只有在光頻率夠高時才有光電效應。普朗克很討厭這個想法，但 1923 年，美國物理學家康普頓（Arthur Compton）在實驗中發現光的量子，後來命名為「光子」。

「不因量子理論而震驚的人還不了解這個理論。」

——波耳（Niels Bohr）

波粒二象性

　　愛因斯坦和康普頓證實光線由粒子組成，而比他們早一個世紀的楊格則確認光由波組成。如果雙方都對，研究才能繼續下去。法國物理學家德布羅意鞏固了這種看似怪異的概念。1924 年，他提出公式，連結光的波長和光子的物理動力。不久他便發覺，把同一個公式反過來，即使物體之前被視為固體粒子，也能干擾其波長，包括光子和原子內的電子（見第 68 頁）。

　　德布羅意的研究後來稱為波粒二象性理論，1928，紐澤西貝爾實驗室的研究人員確認理論無誤。他們對著水晶網格發射一束電子，算出電子的德布羅意波長，發覺很接近網格中空隙的大小。波通過格柵時，如果格柵的間隙跟波長差不多，會承受衍射現象，波出現的時候散發成獨特的圖案。研究團隊當然也看到細細的電子束在格柵的另一頭散開成衍射圖樣。電子——物質的粒子——衍射開來，如同波的行為，正符合德布羅意的預測。

西元 1923
美國物理學家康普頓在實驗中發現光子

西元 1924
德布羅意（Louis de Broglie）證明固體粒子的行為也跟波一樣

西元 1926
薛丁格用粒子的波動方程式概括德布羅意的想法

薛丁格的貓

1920 年代出現的量子力學主張，次原子粒子可用波函數來描述，因此在空間中的任一點都可能找到粒子。測量後，波函數「坍塌」，就能看到粒子有明確的位置。這後來稱為「哥本哈根詮釋」，1927 年在哥本哈根舉辦會議時，討論解釋了許多細節。

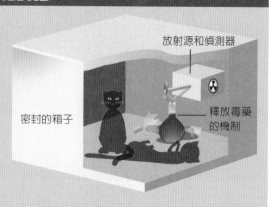

然而，薛丁格很不喜歡這種對現實的看法，必須要透過測量，才能決定粒子的狀態。為突顯荒謬之處，他策劃了知名的思想實驗。他想像有一隻貓鎖在箱子裡，裡面有一瓶致命的毒藥，次原子粒子偵測器會控制毒藥釋放。如果粒子通過偵測器，就會釋放毒藥，殺死貓咪，反之貓則會活著。在量子過程中，粒子偵測由機率掌控，根據哥本哈根詮釋，貓同時有死活兩種狀態，除非打開箱子進行測量。

現今的物理學家避開波函數的坍塌，偏好「退相干」的看法，從波轉變到粒子的行為則起源於脆弱量子系統與環境的互動。在薛丁格的貓思想實驗裡，粒子與偵測器的互動會導致退相干——表示早在箱子打開前，貓不是絕對死了，就是活著。

奧地利物理學家薛丁格（Erwin Schrödinger）聽到德布羅意的想法後，波和粒子之間的關聯也愈發清楚。薛丁格以牛頓力學中能量和動力的標準關係為基礎，加入普朗克和德布羅意的表達式，用波來表示這些數量。正如他的預期，1926 年寫下結果時，寫出了波動方程式。

薛丁格的方程式預測出科學家觀察到的氫原子結構——其他的理論都無法做到。但是他仍很困惑，不知道他的公式有什麼意思。公式裡用到模糊不清的量，薛丁格稱之為「波函數」，來干涉實質數量的值，但波函數本身究竟代表什麼？

玻恩的啟示

最後，德國物理學家玻恩（Max Born）研究出這個謎團的解答。薛丁格的粒子方程式預測粒子的波函數按著位置變化，玻恩發現，可以用波函數的平方來找出空間中任何一點的粒子。薛丁格的方程式表示再也不可能確切預測粒子的位置，跟牛頓力學一樣——量子力學只有在測量後才可能在確定的地方找到粒子。

因此，電子可能是粒子，也可能同時是波——電子位置的機率跟波一樣，進行測量後，才能看到電子是空間中某個位置的粒子。愛因斯坦雖然為量子理論撒下了種子，但諷刺的是，他討厭這種明顯的隨機性，提出知名的主張：「上帝不會和宇宙賭骰子。」然而，研究結果經得起嚴酷的實驗細查，量子力學的應用也讓科技更加進步，包括雷射、LED、醫學影像技術、進階加密與核能。

提要總結
進入次原子世界時，就別管牛頓了

09 量子場

把愛因斯坦的相對論應用到量子力學上，便能描繪「場」的行為，「場」可以解釋自然力量對物質的影響。電磁場的量子理論一直都是物理學最正確的一套理論。

　　量子力學雖然成功（見第 32 頁），理論卻沒有考慮到二十世紀另一項偉大的科學革命：相對論。愛因斯坦的狹義相對論說，要解釋以接近光速速度移動的物體，定律跟我們的日常體驗大相逕庭。此外，量子力學雖然有效，但無法描述快速移動的粒子。

　　1928 年，英國物理學家狄拉克（Paul Dirac）重寫薛丁格的波動方程式，來計算量子粒子的行為，使其符合狹義相對論，便改變了情況。結果是狄拉克方程式，用於高速電子動作的量子波動等式（高速電子是帶負電的粒子，在原子外繞行）。

反物質

　　眾人馬上發現狄拉克方程式的驚人之處。理所當然地解釋了「量子自旋」的概念——類似自轉，瑞士物理學家包立（Wolfgang Pauli）用這個概念來解釋電子行為的特質。狄拉克方程式除了能描述電子的數學解答，也有第二個解法對應到質量等同於電子的粒子，但帶的是正電。這種粒子叫作正電子，是反物質的第一個範例：1932 年，美國物理學家安德森（Carl Anderson）適時偵測到正電子的存在。

大事紀

西元 1928	西元 1932	西元 1948
狄拉克發展出第一套統一量子力學和狹義相對論的理論	安德森發現狄拉克理論預測的反物質	費曼、施溫格和朝永振一郎研究出量子電動力學（QED）的公式

力場

狹拉克的方程式說：除了電子和正電子的運動，彼此之間的互動也來自它們的電荷。之前，物理學的這個領域主要遵循馬克斯威爾的電磁學古典理論，預測電荷如何產生電場，以及這些場的動作如何影響其他的電荷。現在，狹拉克的方程式用量子描述取代古典的電磁學，成為最早出現的「量子場論」。

普朗克和愛因斯坦（見第 32 頁）已經證明光子是和電磁波有關的粒子。但狹拉克進一步發揚這個想法。帶電粒子每次和電磁場互動

海森堡的測不準原理

測不準原理是量子理論的基本教義，和精確度有關，透過精確度，就能得知量子粒子的特質。這個原理於 1927 年由德國物理學家海森堡（Werner Heisenberg）提出。

基本上，測不準原理說，粒子位置的不確定性乘以其動力的不確定性，一定大於或等於普朗克常數除以 4π 的結果，而普朗克常數為 6.63×10^{-34}（見第 32 頁）。所以，如果降低一個量的不確定性，另一個一定會增加。

海森堡測不準原理的另一個形式說，能量和時間遵循與位置和動力類似的關係。這解釋了量子場論中粒子的產生與毀滅。

時，要透過光子的交換。因此，光子是電磁場的「力載子」。後來證實，光子能自發從背景場浮出。一對對這樣所謂的「虛擬光子」可以短暫存在，符合測不準原理（見本頁的說明框）。測不準原理讓場可以借來需要的能量，創造出成對的粒子，條件是這對粒子不久後會毀滅，歸還能量：借的能量愈多，粒子的生命愈短。

棘手的無限

然而，狹拉克的理論有缺陷。對某些物理量，會給出荒謬的無限數值。也無法預測氫原子兩個能量狀態間的微小差異 —— 後來稱為藍姆位移，由美國物理學家藍姆（Willis Lamb）發現。到了 1940 年代

西元 1954
楊振寧和米爾斯發展出規範理論，為現代的量子場奠定基礎

西元 1972
弗里奇、蓋曼與盧特勒發展出量子色動力學（QCD）

西元 1979
葛拉蕭、沙朗及溫伯格以弱電模型贏得 1979 年的諾貝爾獎

「古典物理學能做到
的，我們都能做得更
好。」

——克萊普納（*Daniel
Kleppner*）

末期，這些問題才找到解答。為修正無限數值，物理學家施溫格（Julian Schwinger）和朝永振一郎（Sin-Itiro Tomonaga）獨立提出「再重整化」的方案。在量子理論中進行計算時，通常無法確切解開數學方程式。物理學家只能用「微擾擴張」，一連串逐漸增加複雜度的項，集合起來提供確切解答的近似值。再重整化等同單單丟棄擴張中會導致無限的項。聽起來只是臨時解法，但現代的再重整化理論用物理學詮釋這個過程：理論中的參數可以按著觀察到的能量變化。

同時，在加州理工學院，物理學家費曼發覺，在兩點之間移動的粒子可以採用數種不同的路徑。為計算粒子走完全程的全機率，費曼加總每條可能路徑的機率，這個方法被他稱為量子理論的「路徑積分」公式化。

費曼圖

費曼用圖解的方法補足他的技術。在圖表上畫出量子互動進行的所有可能方法。每張費曼圖都意味著特殊的數學貢獻，都能加到路徑積分裡。費曼把他的發展應用到電磁學上，藍姆位移就出現了，規模也確切符合實驗觀察。這個理論命名為量子電動力學（QED），非常成功——能正確預測到小數點後十一位，很驚人——因此讓費曼、施溫格和朝永振一郎在一九六五年贏得諾貝爾物理學獎。

今日，有更多量子場論在能想像到的最小規模上描述自然界的其他力量。量子色動力學（QCD）於 1972 年提出，解釋強大的核力，將夸克綁在一起，造出中子和質子，而 1967 年發明的「弱電」模型，將 QED 與弱核力的理論（會造成放射性衰變——見第 76 頁）結合。在嚴格的實驗測試下，兩者都得到證實。目前，科學家正在尋找方案，要結合 QCD 與弱電模型，發展出「大一統理論」（見第 48 頁）。

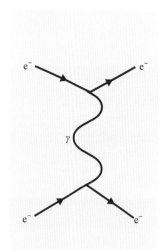

這個費曼圖顯示兩個電子透過交換光子彼此消散。這裡的時間從左到右漸增。

量子重力

　　無法量子化的場則是重力場——科學家的嘗試都碰到無法用再重整化移掉的無限值。我們最佳的古典重力理論（非量子）是廣義相對論（見第 28 頁），把重力歸因於空間和時間的彎曲，而不是存在其中的粒子和場。或許這個基本差異表示，我們永遠無法看到重力的完整量子理論。或許未來的研究會有不同的結果。

提要總結
遠處的行動也遵循量子定律

10 粒子物理學

2012 年，大型強子對撞機中心的物理學家發現尋找已久的希格斯粒子。偵測到這種粒子後，「標準模型」也完成了——這是次原子粒子和粒子間力量的最佳理論。現在科學家繼續努力，調查孵育宇宙的粒子世界。

粒子物理學的標準模型在 1970 年代早期擬定。量子場論出現數次突破後（見第 36 頁），粒子物理學隨之興起——重點在於 1940 年代量子電動力學（QED）、1960 年代的弱電理論和 1972 年的量子色動力學（QCD）。科學家終於有能力把粒子世界的知識組成完整的概論。

暈頭轉向

這個模型將已知的粒子按著它們的「量子自旋」分成兩大族，分別是費米子和玻色子。這個特質可以比喻成一般的旋轉，但非常不一樣。每種不同的粒子都有固定的自旋，描述其旋轉時的對稱性。比方說，自旋為 1 的粒子在轉完完整一圈後，看起來一模一樣。自旋為 1/2 的粒子必須轉整整兩圈，才能回到一開始的狀態。玻色子的自旋為整數（0、1、2 等等），費米子則為半整數（1/2、3/2、5/2 等等）。

費米子族可以再分為強子（能感覺到強大的核力）和輕子（沒有核力）。輕子包括我們之前看過的電子，住在原子的外圍，再加上兩個同類型的粒子，叫作緲子和陶子。這三種粒子的電荷都是 –1，自旋

大事紀

西元 1964	西元 1974	西元 1983
蓋曼和齊威格提出夸克理論	李奧波羅斯（John Iliopoulos）率先呈現「標準模型」	科學家偵測到弱電理論的 W 和 Z 粒子

為 1/2。然而，它們的質量很不一樣。緲子的重量是電子的兩百倍，陶子又是緲子的十七倍。這三種輕子都有自己的「微中子」——沒有電荷的朦朧粒子，幾乎沒有質量，自旋為 1/2。六個輕子粒子都各有自己的反粒子（質量和自旋相同的粒子，但其他重要特質都相反）。

奇魅的夸克

費米子的另一個類別是強子。從基本層級來看，這些粒子是夸克。夸克有六個「口味」，

粒子加速器

粒子物理學的理論用叫作粒子加速器的大型機器來測試。這些機器用排在一起的磁鐵把帶電荷的次原子粒子加快到接近光速的速度，彼此猛撞。碰撞後的殘骸可以用來查驗稀有粒子種類的特徵。

我們對現今的粒子世界如何運作，已經有概略的了解。未知的地方主要在過去，當時宇宙更熱、密度更高，探索這些制度，需要體積更大、功率更強的加速器。

今日世界上最強大的粒子加速器位於瑞士日內瓦的歐洲核子研究組織（CERN）。最近一次升級於 2015 年完成，讓加速器的體現能量加倍，它在 2012 年發現希格斯粒子。

標記為：上（u）、下（d）、奇（s）、頂（t）、底（b）和魅（c），自旋都是 1/2。它們也有微小的電荷，+2/3 或 –1/3。夸克模型指出，常見的組成核子的質子和中子由三種夸克叢組成。比方說，質子由兩個上夸克（電荷都是 +2/3）和一個下夸克（電荷為 –1/3）組成，整體的電荷加起來就是 +1。

夸克也有「色荷」。這跟實際的顏色沒有關係——名字只是標記。電荷的作用是電磁力的源頭，色荷則是提供強核力，將夸克結合在一起，形成質子和中子，再來就是核子。量子電動力學的理論描述三種色荷（分別是「紅」、「綠」和「藍」），跟電荷一樣分正負。質子和電子有時共同稱為「重子」，而叫作「介子」的成對夸克和反夸克也可以

西元 1995	西元 2000	西元 2012
費米實驗室的科學家發現難以捉摸的頂夸克	科學家在費米實驗室的 DONUT 實驗中找到陶子微中子	大型強子對撞機中心的科學家終於偵測到希格斯玻色子

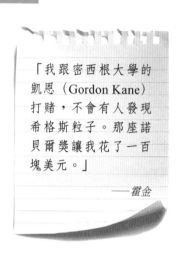

「我跟密西根大學的凱恩（Gordon Kane）打賭，不會有人發現希格斯粒子。那座諾貝爾獎讓我花了一百塊美元。」

——霍金

成形。然而，我們從未看過單獨的夸克。

1964 年，蓋曼（Murray Gell-Mann）和齊威格（George Zweig）進行獨立研究，提出夸克模型。所有六種夸克目前都觀察到了，最後一個是上夸克，於 1995 年出現——地點是美國芝加哥的費米實驗室，使用正負質子對撞機這種粒子加速器。

力載子

量子場理論說，物質粒子間的力傳遞要透過場中的「粒子交換」。這些粒子的自旋都等於 1，占據標準模型中的玻色子那一塊。舉例來說，在電磁學上，交換粒子是光子。

在量子色動力學裡，交換粒子叫作膠子，有八種不同的類型。QCD 的數學需要每種膠子類型帶有不同組合的正色和負色。同時，弱核力則由交換 W 和 Z 粒子來傳遞。Z 沒有電荷，但 W 有兩種電荷，+1 和 –1。1983 年，科學家在實驗中觀察到 W 和 Z 粒子，質量幾乎跟理論預測一模一樣。

但標準模型中還有一個玻色子粒子。位於瑞士和法國邊界的 CERN 裡有大型強子對撞機的粒子加速器，2012 年，科學家在這裡宣布發現了難以捉摸的希格斯玻色子，登上新聞頭條。

發現希格斯玻色子以後

為了解釋標準模型中其他粒子的質量，英國物理學家希格斯（Peter Higgs）跟其他人在 1964 年一起提出，有一種沒有電荷、沒有顏色、自旋為零的粒子。希格斯玻色子是量子場的粒子，這種量子場叫作希格斯場，瀰漫在所有的空間裡。跟這個場互動的粒子需要質量——因此會慢下來，跟穿過糖蜜的湯匙一樣。發現希格斯玻色子之前，標準模型無法預測構成粒子的質量。

希格斯粒子一開始屬於弱電模型，這個量子場論統一電磁波和高

能量的弱核力——比方說大爆炸發生不久後（宇宙由此誕生，見172頁）。今日的能量較低，電磁學和弱力則涇渭分明。

統一弱電和強核力是一大功績，把它們結合成所謂的「大一統理論」，粒子物理學的下一個挑戰則是重複這項功績。已經有好幾個理論進入候選行列：問題在於怎麼區分這些理論。大型強子對撞機的直徑長達 27 公里，而測試這種模型卻需要更強大的粒子加速器。

對稱性

現代粒子物理學的基礎幾乎就是對稱性的概念。在古典物理學中，對稱與「守恆量」有關。舉例來說，在牛頓的動力學裡，能量守恆定律——能量無法創造，也無法毀滅——因為需要時間對稱性而出現。這只是說，未來的物理學定律應該跟現在的一樣。

1915 年，德國數學家諾特（Emmy Noether）證實物理理論裡的守恆量都對應到其對稱性。例如，電磁學有一個對稱性，表示應該有一個守恆量。確實，有電荷。相對來說，強核力的量子色動力學有三個對稱性——三種類型的色荷各有一個。

物理學家用數學的一支來分類不同粒子理論的對稱性，叫作群論。

提要總結
物質基本粒子內的隱藏順序

11 核能

量子理論給我們的電子裝置包括藍光播放器和電腦等等。但也透過核能，從原子萃取能量，提供電力，來運轉這些裝置。發生過幾次重大意外後，專家仍相信核能是最環保的實用能源。

1911 年，生於紐西蘭的物理學家拉塞福（Ernest Rutherford）有個驚人的發現。跟曼徹斯特大學的同仁合作時，他發現原子的質量大多集中在中心的「核」裡，比原子小很多。事實上，如果把原子放大到足球場的大小，原子核大概只有豌豆那麼大。

1919 年，拉塞福跟進這項突破，證實原子核並不是實心的一塊，而是由更小的粒子組成，這種粒子叫作質子，每個質子都帶有一個單位的正電荷。但新的謎團由此而生——由許多質子組成的原子核，為什麼不會因為這些正電荷之間的靜電排斥而四散亂飛？

1932 年，英國物理學家查德威克（James Chadwick）解決了這個問題，因為他發現一種次原子粒子，質量跟質子一樣，但沒有電荷。查德威克發現的中子坐在原子核裡的質子中間，調和彼此之間的力，因此原子核才能保持完整。

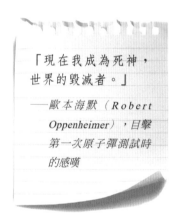

「現在我成為死神，世界的毀滅者。」

——歐本海默（*Robert Oppenheimer*），目擊第一次原子彈測試時的感嘆

大事紀

西元 **1911**	西元 **1919**	西元 **1932**
曼徹斯特大學的拉塞福發現原子核	拉塞福和同仁發現原子核含有質子粒子	拉塞福教過的學生查德威克發現中子

分裂原子

　　1938 年，德國物理學家哈恩（Otto Hahn）和史特拉斯曼（Fritz Strassmann）進行實驗，要用查德威克的中子衝擊鈾這種重元素。他們希望某些中子能困在鈾的核子裡，透過放射 β 衰變（見第 76 頁）變成質子。因為化學元素由原子核裡的質子數量定義（見第 72 頁），哈恩和史特拉斯曼基本上想讓鈾變質成另一種元素──這裡則是變成更重的錼元素。

　　然而，他們很困惑，最後產生的是少量更輕的元素，鋇和氪。奧地利物理學家邁特納（Lise Meitner）和弗利胥（Otto Frisch）解開了謎題。要讓原子核保持完整，只需要少量中子，太多的話會讓原子核不穩定。邁特納和弗利胥發覺，分裂鈾的原子核，一定會形成更輕的元素。他們稱這個過程叫「核分裂」，源自描述生物細胞分裂的「二分裂」。

　　鋇、氪和剩餘的鈾的質量結合起來，比原本的鈾質量明顯少了很多。邁特納也指出，照著愛因斯坦的知名方程式 $E = mc^2$，不足的質量一定對應到大量的能量釋放。放出的也不只能量。每次原子核分裂時，

核束縛能

為什麼分裂（讓重核裂開）與融合（把較輕的核結合在一起）都會釋放能量？你或許覺得兩者的結果應該不一樣。

這個問題的答案跟「核束縛能」有關。你必須把這種能量加在原子核上，才能分裂。反之，不同的質子和中子形成原子核時，也必須釋放等量的能量。

不同元素的束縛能可用強核力來預測，這是讓原子核保持原形的終極力量。畫在圖上的話，束縛能在原子質量增加時會穩定上升，最大值為鐵，然後再穩定變小，這時則對應到很重的元素。

這就是為什麼分裂的元素比鐵還重，融合在一起則比鐵輕，兩個情況都會提高最終核的整體束縛能，導致能量釋放。

西元 **1938**
德國和奧地利物理學家首次示範核分裂

西元 **1945**
在戰爭中第一次用到的原子彈殺死將近二十萬名日本人民

西元 **1986**
烏克蘭的車諾比爾核電廠發生全世界最可怕的核災

就會爆發出中子。這些中子可以由其他鈾原子吸收，導致這些鈾原子分裂，不斷循環。「核連鎖反應」的概念由此誕生。

最早的反應爐

1942 年，這項理論第一次得到應用。義裔美國物理學家費米（Enrico Fermi）在芝加哥大學廢棄的壁球場上造出世界上第一座人造核子反應爐。反應爐包括一堆生鈾，到處放了石墨塊來吸收多餘的中子。此外，科學家用一組吸收中子的控制棒來支配反應率，抽出控制棒便可加速。1942 年 12 月 2 日，反應爐產生足以維持連鎖反應的中子。

這座反應爐叫作芝加哥 1 號堆，於曼哈頓計畫（美國建造第一枚原子彈的計畫）的早期製成。當時製造原子彈的動機其實是擔憂納粹德國造出類似的武器，但第一枚炸彈進行測試時，希特勒的軍隊已經投降。結果，核武器的第一個目標變成日本，1945 年 8 月 6 日和 9 日，美軍分別在廣島和長崎投下原子彈。戰爭結束後，核分裂則改為非戰爭的用途。

1956 年，世界上第一座商業性核電廠在英國克得霍爾啓用。之後，世界各地出現許多座核電廠。據估計，目前運轉的民用核子反應爐超過 430 座，提供全世界約莫 11% 的能量。核能一直以來都有安全顧慮，但包括英國知名環境學家拉夫洛克（James Lovelock）在內的幾位科學家則認為，核能是最環保的能源。他們說，1986 年的車諾比爾和 2011 年的福島雖然出了意外，但只是少數，與化石燃料電廠的日常運

核分裂讓重原子核裂開，核融合則是把較輕的原子核結合起來。

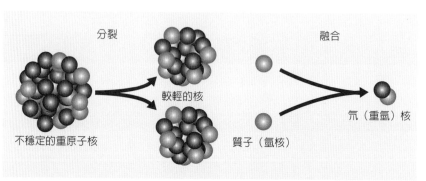

分裂   融合

較輕的核

不穩定的重原子核   質子（氫核）   氘（重氫）核

作比起來，污染率要低許多。同時，太陽能和風力等可更新的能源仍無法滿足需求。

融合的方法

　　未來我們則希望，核分裂能被更環保的核融合取代。核融合並非分裂重元素，而是將比較輕的元素（例如氫）結合在一起，同時釋放能量。太陽的能源就來自同樣的物理過程，需要極高的溫度來點燃（攝氏幾百萬度）。但是跟分裂不同，核融合的廢料沒有放射性。

　　儘管熱核彈或氫彈等高階核武器已經證實核融合的過程，但要控制融合反應到可以發電的程度，仍是科學家的夢想。到目前為止，最佳的成果用磁場來限定受到加熱的帶正電氫核。大多數專家同意，照目前的進度看來，在 2050 年以前，不可能造出商業用核融合反應爐。然而，目前的重點在於維護地球永續，延後融合的發展，或許會危害人類。

提要總結
小小原子的驚人力量不斷成長

12 弦理論

如果前提是宇宙中所有的物質都由弦組成，那麼弦理論或許就是最有希望的統一理論，能解釋自然界所有的基本力，是嗎？很多物理學家都相信這個說法，但這裡的弦當然不是普通的弦，而是會振動的能量弦。

十九世紀時，蘇格蘭物理學家馬克斯威爾把電力和磁力的理論合為一體，叫作電磁學（見第 16 頁）。新的理論大於原本個別理論的總和——為光的行為帶來新的洞察，也為愛因斯坦的相對論鋪路。物理學的統一想法簡潔精確，頗受好評——能從最少的基本假設來解釋宇宙的定律。

萬物論

在 1970 年代，物理學家能將電磁學結合弱核力（原子的核內有兩種力，這是其中一種，也是放射性的源頭——見第 76 頁）。也有幾種候選理論將強核力擴大到這個體制裡。

但大自然還有第四種終極的力量——重力。其他三種力已經帶來可怕的數學夢魘，現在還要把重力插入統一體制裡。弱核力與強核力只存在於原子的核裡，因此融入這兩種力的統一體制必須能接納量子原則。但重力不行。在可能的模型裡，某些物理值容易趨於無限，而這些「分歧」無法用再重整化來操控——再重整化是一種技術，從電磁學的量子理論中去除類似的問題（見第 38 頁）。

大事紀

西元 1921	西元 1968	西元 1981
卡魯札（Theodor Kalu-za）發表需要 5D 時空的統一模型	維納齊亞諾（Gabriele Veneziano）發展出弦理論的第一個化身	格林（Michael Green）和施瓦茨（John Schwarz）寫出超弦理論的公式

傳統的量子理論把物質的基本粒子當成大小為零的點，有些物理學家猜測這或許是分歧的起因。實際上，粒子不論多小，一定有有限的範圍。把粒子的質量裝入零體積，立刻讓粒子密度變成無限大——物理學家解釋說，這或許就是量子重力的分歧來源。

弦理論假設粒子不是點，而是微小的、一維的能量「弦」，來解決這個問題。弦真的很小——長度大約是 10^{-33} 公分（小數點後有三十二個 0，最後是一個 1）。小到如果原子被吹脹到肉眼可見宇宙的大小，基本弦差不多就像一棵樹一樣。弦會振動，振動頻率表示每種特定弦代表的特別粒子類型——很像吉他弦上彈出的各個音符。

「很好的錯誤想法少之又少，而好的錯誤想法要有一點點能媲美弦理論的權威，到目前仍未出現。」

——維騰

更高的維度

很難想像的是，為了讓弦理論的數學不要自我矛盾，時間和空間必須有十個維度——比我們實際能看到的四個（三個空間維度，一個時間維度）多了六個。理論說，這些額外的維度會「緊化」——緊緊捲起，變得隱形。有點像水管的表面，實際上是二維圓柱，從遠處看，卻像一維的線條。然而，在弦理論中，沒那麼簡單，為了滿足理論的常數，緊化的維度必須包進複雜的時空結裡，叫作卡拉比－丘流形。

1968 年，義大利理論物理學家維納齊亞諾首次提出弦理論。他其實想建造強核力的模型，發現用弦可以解釋強作用許多已經觀察到的特性。儘管維納齊亞諾的強力理論最後被量子色動力學取代（見第 38 頁），在 1970 年代，科學家的興趣不減。到了 1980 年代，美國物理學家維騰證實弦理論卻是能帶來可用的重力量子理論——俐落消除之前

西元 **1983**
維騰（Edward Witten）和阿爾瓦瑞茲－高姆（Luis Álvarez-Gaumé）建構出第一套超弦量子重力理論

西元 **1991**
維納齊亞諾證實弦理論為什麼有可能掌管早期的宇宙

西元 **1995**
維騰整合不同版本的弦理論，創造出 M 理論

令人煩心的分歧。從此大家用相關的模型來調查黑洞的物理學，探索在大爆炸前發生了什麼事。

然而，也有人批評弦理論。雖然數學上沒有自我矛盾，也沒有分歧，理論本身尚未恰當「定義」。通常在粒子物理學裡，科學家用所謂的「微擾理論」進行計算。這會用到費曼圖（見第 38 頁）的技巧，找出完整理論的近似值，通常太複雜，無法確切解開。在建構弦理論時，他們只把微擾理論裡的粒子換成弦——得出新的近似值。問題在於，沒有人知道是什麼的近似值。有些人推辭說，測試弦理論可能帶來問題。那是因為重力融合到統一模型的能量等級連我們最強大的粒子加速器也望塵莫及。然而，最近科學家指出，時空緊化的確切形式或許會留下可觀察的特徵，我們可以去尋找，也從此為實驗測試奠定根基。

M 理論

1995 年，維騰介紹 M 理論的概念，讓弦理論來到新的層次。弦理論事實上是好幾個不同的理論，看模型中的參數怎麼選，M 理論則把一切都整合到同一個地方。在 M 理論中，十維時空裡的一維弦被十一維時空中的二維「膜」取代。透過 M 理論，每一種弦理論都能對應到特定的「分片」。

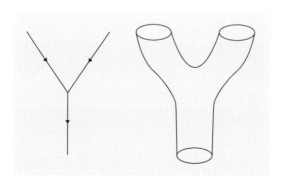

費曼圖，左邊是兩個相互作用的點粒子，右邊是同一張圖，粒子用弦圈取代。圖上的時間從上往下流動。

　　弦理論和 M 理論發展了幾十年，並未完整提供大家期待的偉大答案。但很多人覺得樂觀，這些理論或許能帶來可以測試的統一模型，結合自然界的四種力。這是新的物理學，我們似懂非懂，而從科學的歷史看來，要突破界限，需要才智和啓發，也需要時間。

超弦

1983 年，英國物理學家格林和美國物理學家施瓦茨成功結合弦理論和超對稱——粒子物理學裡的架構，要統一所有的力就會用到。理論說，每個費米子（自旋爲半整數的粒子）都有陪同的玻色子（自旋爲整數的粒子）。超對稱沒有直接證據——主要爲了美感，也是因爲在標準模型裡，傳統對稱扮演的角色很重要。由此產生的「超弦理論」變成重力第一套合理的量子理論。

提要總結
最小層級上的物質由弦組成

13 資訊理論

掌管資訊行為的數學理論或許聽起來是個抽象無比的概念，但今日對通訊科技、電腦和資料分析來說卻不可或缺。要了解黑洞，也要用到這個理論——刮傷的 CD 仍能播放，亦用數學理論來解釋。

在 1940 年代以前，沒有人了解資訊是什麼，更不用說能用數學加以量化。美國電子工程師和數學家夏農（Claude Shannon）的研究成果改變了這個局面。在第二次世界大戰期間，夏農在紐澤西的貝爾實驗室工作。他花了不少時間研究密碼學〔也曾短暫跟英國解碼家圖靈（Alan Turing）合作〕，也曾研究過大砲的火力控制系統。他鑽研的重點是妨礙控制器和大砲之間通訊管道的雜訊——研究出方法盡量降低雜訊的效應，提高傳輸信號的效率。

夏農對這個題目很有興趣，戰後繼續相關的研究，最後在 1948 年出版影響深遠的著作《通訊的數學理論》（*A Mathematical Theory of Communication*）。這本書出版後，資訊理論的科學隨之誕生。

位元操作

一開始，夏農先用嚴格的數學定義資訊難以掌握的概念。他的做法是引進「位元」當作基本單位。位元可以用來編碼開關的簡單開 / 關狀態，因此，值可能是 0（關）或 1（開）。兩個位元在一起，可以編碼多達兩倍的數字：0（0-0）、1（0-1）、2（1-0）或 3（1-1）。構成數

大事紀

西元 1850	西元 1924	西元 1948
克勞修斯（Rudolph Clausius）提出熱力學熵的概念	奈奎斯特（Harry Nyquist）發表研究，題目是會影響電報速度的要素	夏農出版《通訊的數學理論》

字的一組位元叫作「位元組」。將更多位元加入位元組，能擴充其中儲存的數字範圍。一般來說，有 n 個位元的位元組可以儲存從 0 到（2^n-1）的所有數字。因此今日最新的 64 位元電腦基本上能數到一千八百億以上。有趣的是，你的雙手能構成 10 位元的位元組，因此用手就能從 0 數到 1023——不光是 10 而已！

原始碼

　　奠定位元的概念後，夏農開始考慮怎麼在傳輸者和接收者之間用最有效的方法傳送位元。他開發出一個稱為「原始碼」的想法，就是把信號裡的位元數目削到絕對的最少量。例如，你拋硬幣拋了一千次，想送出訊息，給出每次拋擲的狀態。每拋一次，不是人頭就是字。我們可以用一個位元編碼一次拋擲（比方說，設定 1＝人頭，0＝字），因此要用一千個位元來編碼訊息。但假設硬幣不知為何不夠公正，拋出人頭的機率只有千分之一。現在平均而言，拋一千次只會出現一次人頭。所以我們只需要傳出這次人頭的位置，只需要十個位元就夠了（用上面的公式，$2^{10}-1$＝1023）——比傳輸一千個位元的個別狀態省事多了。

　　夏農發明了壓縮訊息的方法。訊息內容裡的不確定性愈高，可壓縮的程度就愈低——用於傳輸的位元也愈多。他不知道該怎麼稱呼這個新特質，他

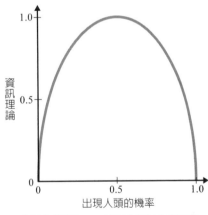

「貝爾實驗室和麻省理工學院有很多人拿夏農的洞察跟愛因斯坦比較。有些人覺得這麼比不公平——對夏農來說不公平。」

——龐德斯通（William Poundstone）

人頭的機率為 0.5 或百分之五十的時候，拋擲硬幣的資訊熵會來到最大值。這是不確定性最高的狀態。

西元 **1956**
凱利用資訊理論計算賭徒最理想的賭注

西元 **1989**
卡茨（Phil Katz）發明 .zip 這種電腦檔案壓縮模式

西元 **1997**
霍金斷言，資訊到了黑洞就會毀滅

夏農（1916～2001）

1916 年 4 月 30 日，夏農生於美國密西根，母親是語言老師，父親是生意人。他從小就很喜歡電力和機械裝置，有一次還在自己家跟朋友家中間搭建了電報系統。

1932 年，夏農進入密西根大學就讀，1936 年畢業，取得數學和電機學位。之後，他進入麻省理工學院的研究所，1940 年轉到普林斯頓大學的高等研究院。

夏農的嗜好是發明，他發明了用火箭作動力的飛盤，以及能解開魔術方塊的機器。他也與其他人一起設計了全世界第一具穿戴式電腦——好在輪盤賭局中作弊。在貝爾實驗室工作時，他遇見妻子貝蒂。他們在 1949 年結婚，生了三個孩子。2001 年夏農去世，享壽八十四。

的朋友，生於匈牙利的數學家馮紐曼（John von Neumann）建議用「熵」，借自熱力學裡的數量，用於標記物理系統中「失序」的程度（見第 21 頁）。這很像夏農的不確定性，可以用類似的公式來計算。

資料傾印

每次「壓縮」電腦上的大檔案時，例如相片或影片，你會用到夏農的資訊熵概念，剝掉所有多餘的資料，盡量縮小檔案占用的空間——接著就可以上傳到網路上的備份伺服器。這叫作「無失真」壓縮，因為在過程中不會丟失資訊。其他形式的資料壓縮則會「失真」，因為資訊真的丟了。現代的音頻壓縮標準會丟棄頻率超過人類聽覺的資料。因此典型的 MP3 音樂檔案跟品質完整的同一首歌比起來，大小只有後者的 9%。

夏農的另一個重大貢獻則是「通道編碼」的概念，要估計通訊頻道裡的雜訊量，加以修正。訊息傳送者先和接收者達成協議，把一系列位元接合成訊息，然後傳送出去。接收者可以觀察這串已知的序列怎麼打亂，找出雜訊的形式，從剩餘的訊息中將之減去。通道編碼給我們現代的錯誤更正方法——在不順暢的電話連線上能聽到對話、聆聽刮壞 CD 上的聲音、掃描皺成一團包裝袋上的條碼。

資訊時代

今日，資訊理論對通訊科技、電腦科學和資料分析來說非常重要。對安全性很有貢獻——幫我們破解密碼，也能偵測罪行，甚至能預防恐怖活動。資訊理論對隨機性和不確定性的處理為賭博和投資提供意義重大的看法。同時，在科學其他更深奧的分支裡也很重要。資訊理論

幫我們解釋生物細胞裡基因的排列方式。資訊有可能從黑洞中流出的理論研究激發了量子重力的新想法，尤其是弦理論（見第 48 頁）。進而引發一些和宇宙論有關的激進想法，有的很奇特，比如說宇宙可能實際上是一副全息影像。

凱利公式

1956 年，美國數學家凱利（John Kelly）在《貝爾系統技術期刊》上發表論文，標題相當平淡：〈資訊率新解〉。凱利在文中用資訊理論導出公式，計算每次下注時，賭徒該投注的資金比例，以便贏得最高的彩金。

凱利發現，如果贏錢的實際機率是 p（介於 0 和 1 之間），莊家提供的賠率是 b/1，投注的最理想比例為 [p × (b+1) -1] /b。如果是負數，就不要下注。

很多賭徒用了所謂的凱利公式後都贏了，在全世界最大的賭場中下注的投資人也一樣——股市的投資人。

提要總結
通訊的數學定律

14 混沌理論

把鉛筆立起來，然後放手，會往哪一邊倒？平衡狀態出現極細微的改變，就能讓鉛筆倒向某個方向，或完全相反的方向。我們已經了解相關的物理學，卻依然不知道鉛筆會倒向哪一邊。這就是混沌的例子。

自然界某些東西很容易對自身的初始狀態有反應，因此要預測它們未來的行為簡直不可能——即使我們已經很了解相關的系統。這就是混沌系統——自然中「已經確定」的現象，移動方式卻非常隨性。這種現象只會出現在由非線性數學掌管的系統裡。線性方程式是很簡單的關係，例如 $y = 2x$。如果 x 變大，y 也會按比例變大。比方說，把 x 從 1000 改成 1000.1——只有 0.1 的變化——y 就增加 0.2，沒什麼大不了。但是，非線性方程式複雜多了——有時候表面上還看不出來。例如 $y = x^2$。現在讓 x 變大，y 跟著變大的方法不成比例——把 x 從 1000 改成 1000.1，x 的變化相對來說不大，y 的變化卻超過 200。

儘管初始狀態變化很小，但非線性方程式可能導致巨大的行為變化，那就是為什麼我們不知道鉛筆會倒往什麼方向。這不是數學的問題，而是我們無法確切測量初始狀態的細微變化——這些細微的變化會製造出巨大的效應。

1880 年代，法國數學家龐加萊（Henri Poincaré）率先嘗試量化現實世界中的混沌效應。研究了牛頓的重力定律後（見第 12 頁），他發

大事紀

西元 1880	西元 1961	西元 1972
龐加萊在牛頓的重力中發現混沌理論的徵兆	羅倫茲在天氣系統中發現混沌行為	羅倫茲創造出「蝴蝶效應」的說法，描述混沌系統的靈敏度

現若兩個物體（例如行星）在彼此的重力場裡移動，解法符合規則，能預測得出來，加入第三個物體，系統未來的行為就極度難以預測。

天氣觀測

龐加萊的研究結果到了二十世紀下半才引起注意。1961 年，美國數學家羅倫茲用早期的數位電腦研究天氣系統裡的對流層——大氣中因熱空氣上升而造成的循環氣流。在研究的某個階段，羅倫茲需要再度創造之前製造出來的結果。他並未從頭執行電腦程式，而是按著計算中途印出的資料重新輸入資料，再執行程式。他很驚訝，發現計算結果——程式預測的天氣模式——完全不符合第一次的結果。

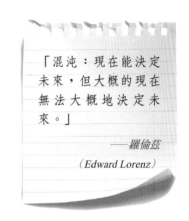

「混沌：現在能決定未來，但大概的現在無法大概地決定未來。」
　　　　　——羅倫茲
　　　　（Edward Lorenz）

羅倫茲最後找出問題的根源。在計算時，電腦把資料存到小數點後第六位，但印出的資料把數字切成只留下三位。因此，數字 0.437261 列印出來變成只有 0.437。細微的變化卻導致最終結果出現大幅差異：羅倫茲看到了混沌的作用。混沌現在是天氣系統中大家都知道的特徵，也是氣象預報員只能提早幾天預測天氣的理由。

羅倫茲在 1963 年發表研究結果。他後來發明了一個說法，變成混沌的同義詞：「蝴蝶效應」。蝴蝶效應的概念說，蝴蝶拍拍翅膀，對天氣造成的改變就可能在世界的另一邊引發龍捲風。這個說法最早出現於 1972 年的美國科學促進會年度會議，當時羅倫茲發表了演說。

科學家現在可以用俄羅斯數學家李亞普諾夫（Aleksandr Lyapunov）1892 年發展出的體制，在系統中尋找混沌。儘管沒發覺混沌的現象，李亞普諾夫研究了非線性方程式解答的穩定性。這要對方

西元 1975

約克（James Yorke）和李天岩 (Tien-Yien Li) 發明「混沌理論」的說法

西元 1982

曼德博出版巨作《自然的碎形幾何學》（*The Fractal Geometry of Nature*）

西元 1984

美國航太總署（NASA）的航海家二號揭露土衛七（Hyperion）的混沌旋轉

羅倫茲 （1917～2008）

1917 年 5 月 23 日，羅倫茲生於美國康乃迪克州。他先在新罕布夏州的達特茅斯學院主修數學，1938 年拿到學士學位，然後 1940 年在哈佛大學取得碩士學位。

第二次世界大戰期間，他在美國陸軍航空軍擔任氣象學家。他對這個題目很有興趣，戰後到麻省理工學院進入氣象學博士班，1948 年取得博士學位。他後來留在麻省理工學院教書，1962 年成為教授。

在 1950 和 1960 年代，數位電腦愈來愈進步，也成為重要的新資源，可以用來測試和拆開氣象系統的複雜度。羅倫茲是這方面的先鋒——透過氣象研究，他發現了混沌理論。羅倫茲結婚後有三名子女。2008 年逝於麻州劍橋。

程式的已知解法進行微小的擾亂。如果擾亂過了一段時間就消逝，表示解法「夠穩定」。如果擾亂不斷變大，解法則「不穩定」。這個對不穩定性的測試——用一組叫作「李亞普諾夫指數」的數字來量化——現在被視為偵測混沌行為的決定性考驗。

奇異吸子

混沌理論也受到幾何學影響。物體的運動可以用所謂的「相圖」來描述特徵——「相圖」基本上是物體速度對照位置的圖表。比方說，速度穩定的動作只是一條直線，而擺動的搖錘會畫出一個圓。這些系統中的路徑叫作「吸子」——從相圖上任一點開始系統，所有的路徑都會匯集到吸子上。

混沌系統的吸子通常是碎形。碎形這種幾何圖形在任何長度刻度上看起來都一樣。舉個簡單的例子，就是科赫雪花，以瑞典數學家科赫（Helge von Koch）的名字命名。從等邊三角形開始，在每邊的中間加一個邊長為三分之一的等邊三角形。一直重複下去。結果是雪花般的圖形，不管放得多大，看起來都一樣。

真正的混沌系統可以用很複雜的碎形來描述。例如羅倫茲的氣象系統，其中就有碎形吸子，看起來像扭曲的數字 8。法國數學家曼德博（Benoit Mandelbrot）1982 出版了影響力深遠的大作《自然的碎形幾何學》，制定碎形和混沌之間的密切關聯。

在科學家眼中，無處不是混沌。亂流、洋流、量子理論、廣義相對論、工程學、生物學、財務、土星衛星的轉動，甚至在描述特定群體行為的心理學裡，都看得到混沌。我們眼中順序良好的世界其實一點順序也沒有。

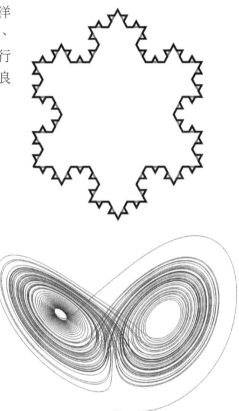

科赫雪花（上圖）是簡單的碎形，每條線段都會融入重複的等邊三角形，無限縮小下去。羅倫茲吸子（下圖）則是比較複雜的碎形，為氣象系統中的混沌提供基礎。

提要總結
順序中會現出不可預測性

15 量子電腦

量子電腦是超級強大的計算機，因著量子物理學的奇異定律得以成真。量子電腦幾分鐘內能完成的工作如果在桌上型電腦上運作，要花的時間比宇宙的年齡還長，世界上許多地方的實驗室都已開發出量子電腦。

現代的電腦使用電子開關（電晶體）的開關狀態來儲存和操作資訊位元（見第 52 頁），但電晶體按著物理學的老式「古典」定律運作。在二十世紀初期，古典物理學退位，新的看法出現：量子動力學（見第 32 頁）。古典物理學在某些情況下，仍提供合理的近似值，但大家很快就發現，量子理論才能呈現真實的模樣。1985 年，英國理論家杜其（David Deutsch）發現，當時的電腦計算所根據的物理學有誤。他動手用量子架構來重塑電腦理論，結果帶來全新的電腦設計，能大幅超越前一代電腦的效能。

量子位元

在這個新的架構下，資訊的位元——原本是 0 或 1——由量子位元取代，而量子位元可以同時是 0 和 1。因為根據量子動力學，量子粒子在實際測量前，能以各種可能的狀態存在（見第 34 頁）。因此，如果把資訊存在量子世界裡，也能以各種可能的狀態存在。

你或許會覺得這對計算機來說是很嚴重的問題，但事實上，這就是量子電腦強大的關鍵。當資訊位元通過一般電腦的處理器時，只有 0 或

大事紀

西元 1985	西元 1994	西元 1998
杜其為量子電腦奠定理論基礎	秀爾（Peter Shor）開發量子演算法，將大數目分解成因數	牛津大學的研究人員示範第一台量子電腦

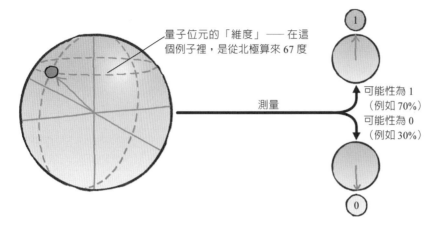

量子位元的「維度」—— 在這個例子裡,是從北極算來 67 度

測量

1

可能性為 1
(例如 70%)

可能性為 0
(例如 30%)

0

物理學家把量子位元的狀態呈現為球體上的緯度,「北極」代表的值是 1,「南極」代表 0。其間的任何地方都是兩者的混合,測量的值可能是 1 或 0,用根據量子位元與兩極相對緯度的三角學公式來計算。

1 得到處理(視位元值而定)。但當量子位元通過量子處理器時,0 和 1 會同時得到處理。現在把八個古典位元放在一起,組成位元組,就可以儲存從 0 到 255 的任何一個數字。如果量子電腦有八個量子位元(一個「量子位元組」),就可以同時儲存所有的數字,在古典電腦只能處理一個數字的時間內,量子電腦可以處理所有的數字。一般來說,有 n 個量子位元的量子電腦可以同時儲存和處理 2^n 個數字。杜其稱之為「量子平行處理」——向古典電腦的平行處理示意,有好幾個處理器同時處理一項工作。

然而,這裡的「平行」一詞特別貼切。杜其相信量子理論的「許多世界」詮釋——次原子粒子的奇特量子行為由平行宇宙中其本身副本的干擾引起(見第 192 頁)。從這個觀點看來,量子電腦其實從其他宇宙中的對等物取得力量。事實上不像聽起來那麼古怪:儲存所有需要的資訊來執行某些量子計算,所需的古典資訊位元遠超過我們宇宙中所有的

西元 **2011**
D-Wave One 成為第一台商業用量子電腦

西元 **2012**
加拿大公司 1Qbit 成立,這是第一家專門開發量子軟體的公司

西元 **2014**
史諾登(Edward Snowden)透露美國國家安全局在開發用於解碼的量子電腦

量子加密

量子電腦對國家安全的意義重大。現代加密系統——用於安全傳輸機密資料——要把大數目分裂成因數。傳送訊息只需要數字本身（每個人都可以看得到），但讀取數字則需要因數（計算難度極高）。這稱為公開金鑰加密，很像把訊息放在上鎖的盒子裡——誰都可以上鎖，但要有鑰匙才能打開。

公開金鑰加密依賴的技術是，將大數目分解成因數，古典電腦要花的時間會超過宇宙的年紀。壞消息是，量子電腦只需要幾分鐘。

原子數目。杜其認為，量子電腦一定會利用其他的宇宙，不然沒有足夠的記憶體來執行目前這些工作。

運轉中的電腦計算

1998 年，英國牛津大學的科學家示範第一台可以運作的量子電腦。這台電腦只有兩個量子位元，但能夠執行簡單的演算法。之後，這個領域進步相當多。2015 年 8 月，加拿大公司 D-Wave Systems 將 D-Wave 2X 量子電腦推入大眾市場。這台電腦有 1024 個量子位元，材料是鈮做成的超導體迴圈。缺點則是尺寸和價格：需要十平方公尺的房間，價格超過一千五百萬美元。而谷歌還是買了一台，用來訓練圖形辨識演算法，讓 Google Glass 的擴增實境裝置能辨識物體。開發飛機的洛克希德馬丁公司也買了一台來測試他們的飛行軟體。

有些人批評 D-Wave 的產品不是真正的量子電腦，也算合理。它們不是「通用量子電腦」，因為它們無法用程式來執行使用者需要的工作。相反地，D-Wave 2X 用叫作「量子退火」的過程，輸入的量子位元只會演進到最低的能量設定。這就可以用來解決最佳化問題，也就是找出最佳的解決方法。最佳化有種種應用（比方說告訴一家公司怎麼最有效地花費預算），但處理大問題時則很花時間。D-Wave 宣稱他們的電腦解決最佳化問題的速度比古典機器快六百倍。

冷卻

　　造出眞正的「通用量子電腦」很難，因爲量子位元很脆弱。量子位元與周遭環境互動時，微妙的量子狀態遭到擾亂，帶有的量子計算都會流失。這叫作「退相干」（見第 34 頁）。通常量子位元在創造後會持續幾秒鐘，然後會出現退相干。研究人員想用低溫冷卻技術來消除熱雜訊，把量子位元冷卻到比絕對零度只高千分之幾度。

　　仰賴暴力數値計算的產業或許會因量子電腦而革新，例如財金、工程和資料分析。量子電腦最終能夠破解今日最安全的密碼（見上一頁的說明框），也引發了國家安全機構的興趣。但最大規模的應用之一則是科學研究本身，量子電腦會成爲終極的工具，模仿量子系統的行爲，讓我們更能掌控次原子世界的深奧物理學。

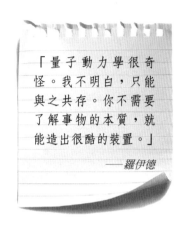

「量子動力學很奇怪。我不明白，只能與之共存。你不需要了解事物的本質，就能造出很酷的裝置。」

——羅伊德

提要總結

量子世界中處理資料的機器

16 人工智慧

1940 年代，數位電腦誕生，但早在那之前，科學家就夢想造出能像人類一樣自行思考的機器。這種人工智慧產物的應用不勝枚舉，從自動化太空旅行到掃地機器人都包含在內。

會思考的機器是人類歷史悠久的夢想。古文明的學者，包括希臘人和埃及人，都試過打造機械裝置來執行他們的命令（也失敗了）。1943 年，可以用程式操作的數位電腦發明後 —— 最特別的是巨像（Colossus），第二次世界大戰期間，解碼專家在英國的布萊切利園製造出來 —— 科學家才鄭重思考怎麼讓機械裝置能自己思考。

人工腦

負責開發巨像的英國數學家圖靈發展出的電腦理論證實電腦能模仿數學過程。因此，如果人腦能用數學來描述 —— 這個說法很合理 —— 電腦應該就能模仿根本的過程。圖靈設想出的測試讓機器智慧嶄露頭角（見下一頁說明框），也造出第一套會下棋的電腦程式。他死後幾年，世界第一場「思考機器」的會議於 1956 年在新罕布夏的達特茅斯舉辦。美國電腦科學家麥卡錫（John McCarthy）發明了「人工智慧」的說法。

科學家對這個領域相當樂觀，但在 1960 年代又略微降溫，因為研究人員發現，把人類特質吹進機器裡，不像一開始想像的那麼容易。到了 1970 年代中期，人工智慧研究的政府資金多半遭到裁撤，這個領域也停滯不前。

大事紀

西元 1950	西元 1956	西元 1997
英國數學家圖靈首度提出圖靈測試	第一場人工智慧會議於新罕布夏的達特茅斯舉辦	IBM 會下棋的電腦「深藍」打敗西洋棋大師卡斯帕洛夫（Garry Kasparov）

純淨派與邋遢派

今日的人工智慧研究大致分為兩派，「純淨派」和「邋遢派」。純淨派的方法用電腦程式設計的標準技術來用程式設計出形似智慧的行為。另一方面，邋遢派比較偏向有機路線——有些人稱之為「反邏輯」。要把硬體軟體拴在一起，看看能炮製出什麼行為。

用邋遢派的方法，一項重大的科技成就是神經網路。這是模擬成群腦細胞與其間關聯的軟體系統。跟腦細胞一樣，它們能從經驗中學習——幫助電腦做出有智慧的決定。神經網現在只是一種「機器學習」技術，應用範圍廣泛，包括偵測詐騙，以及推薦你可能想在智慧型手機上聽到的歌曲。

「專家系統」在 1980 年代的發展給人工智慧迫切需要的拉舉。專家系統是人工智慧，想複製人類專家在特殊領域的知識——例如，碰到危機時作出快速正確的決定，或診斷出傳染病。然而，這段復甦期不長，到了 1980 年代晚期，這個領域再度凋萎。又過了十年，即將進

圖靈測試

英國電腦科學家和解碼家圖靈在 1950 年代提出一項測試，能決定電腦是否能算是聰明。基本想法是人類裁判同時跟電腦和真人對話，如果裁判無法判別是電腦還是人，那麼電腦——實質上不管在哪一方面——就能視為有智慧。

這個測試鼓勵科學家開發出「聊天機器人」，一種人工智慧實體，只為了跟人類進行文字對話——來通過圖靈測試。第一個聊天機器人 ELIZA 於 1966 年由出生在德國的電腦科學家維森鮑姆（Joseph Weizenbaum）開發出來。2014 年，俄羅斯的一組程式設計師開發出名為「古斯曼」的聊天機器人，在英國雷丁大學舉辦的活動中，第一個真正通過圖靈測試。

今日，聊天機器人用於線上客戶服務，圖靈測試則用於 CAPTCHA（全自動區分電腦與人類的圖靈測試）系統，通常用來線上識別人類客戶。圖靈測試後來也叫「模仿遊戲」（The Imitation Game），2014 年拍的電影描述了圖靈的一生和研究成果。

西元 **2004**　NASA 的火星探測巡迴者號自動繞著這顆紅色的行星巡航

西元 **2009**　谷歌推出「無駕駛」車輛，不需人類操作即可行駛

西元 **2014**　超級電腦古斯曼（Eugene Goostman）成為第一個通過圖靈測試的聊天機器人

「對不起，戴夫。我恐怕做不到。」

——Hal 9000 電腦，
《2001 太空漫遊》

入二十一世紀時，人工智慧的命運出現決定性的變化。電腦變得更強大，人工智慧迥然不同的子域間有了更好的交流，模控學與語言學等學科也納入其中後，研究進步的速度跟著加快了。

賽局理論

1997 年，「深藍」這台會下棋的電腦打敗了俄羅斯大師卡斯帕洛夫。深藍從六場比賽中選了三場，贏了兩場，輸了了一場，整體來說還是贏了。1990 年代後期，人工智慧玩具出現突破，菲比精靈寶寶（Furby）和索尼的 AIBO 犬型機器人問世。2002 年，帶有人工智慧的吸塵器 Roomba 上市。同時，NASA 在 2004 年，讓有人工智慧的機器人勇氣號與機遇號登陸火星。

2009 年，網路巨擘谷歌開發出世界上第一台無人車。在 2010 年，又推出支持語音指令的安卓行動作業系統，用人工智慧軟體來抓出字詞。最近，會玩遊戲的人工智慧不只會下西洋棋，也證明自己能打敗撲克牌與黑白棋的人類高手。2011 年，IBM 開發出的華生在美國益智問答節目《Jeopardy!》上狠狠擊敗兩名前冠軍。2014 年，俄羅斯人的聊天機器人古斯曼成為第一台通過圖靈測試的機器（見第 65 頁的說明框）。

超智慧

最近人工智慧的突破有一個理由，就是電腦愈來愈強大。現代個人電腦的處理能力大約每 18 個月就會加倍——這個前進速度成為摩爾定律，因為英特爾的創辦人摩爾（Gordon Moore）第一個注意到這個現象。這個趨勢，以及它為人工智慧帶來的改進，讓科學家預測，有一天我們能創造出人工智慧的「超智慧」。

超智慧會更聰明得多，能更快重新設計跟改善自己，速度比創造它的人類更快。這會創造出甚至更加聰明的超智慧。這個過程不斷重複，直到人工智慧無限地聰明，來到所謂的「奇點」狀態——匈牙利數學家

馮紐曼於 1958 年提出這個說法。這種存在會怎麼看待我們呢？我們雖然是創造者，卻遠遜於它。

電腦科學家庫茲威爾（Ray Kurzweil）說，在這個世紀結束前，我們就會來到奇點。然而，有些批評家認為，真正的人工智慧或許超越了無限的技術進展。或許科技愈來愈複雜，會自然停止這個過程，讓電腦無法繁衍。或許人類智慧畢竟無法用數學來描述。有些人懷疑，人類或許會很天真地，盲目策劃出自身的滅亡。

提要總結
能思考的機器

17 原子和分子

我們周遭的一切都由原子和分子組成——微小的粒子，構成我們的 DNA、呼吸的空氣、吃下肚的食物，跟這本書的書頁。原子和分子是自然界的奇蹟，它們的發現也是科學的一大躍進。

據說，把地球上海洋裡的水裝進杯子裡，裝出來的杯數會少於一杯水裡的原子數目。這項陳述令人目眩，強調原子有多小：每個原子的直徑大約是一毫米的千萬分之一。人體的一個細胞隨時都含有十億兆個原子。但很奇怪，原子裡面其實空空的，質量集中在中間的原子核。

從古希臘時代開始，物質的結構就深深吸引人類的注意力。米利都的留基伯（Leucippus of Miletus）據信第一個提出原子理論，而他在西元前五世紀的門徒亞比得拉的德謨克里特（Democritus of Abdera）更有名氣，也繼續相關的研究。他們相信所有的東西都由原子組成，數目無限多，無法毀滅（原子一詞來自希臘文的 *atomos*，意思是不可分割）。

德謨克里特也相信原子給物質獨特的特質。比方說，他認為鐵原子很強很硬，而冰則有平滑的球形原子。這個理論很怪，但就本質而言，德謨克里特想的沒錯。結構宇宙中所有的物質，最後都分解成既定元素最微小的部分，也就是原子，而原子的結構會決定元素的化學特質。

大事紀

西元前 400	西元 1808	西元 1811
德謨克里特提出，所有的物質都由固體、不可毀滅的單位構成	英國化學家道爾頓發表突破性的原子理論	義大利科學家亞佛加厥提出，把原子結合在一起，會形成分子

道爾頓的理論

　　1805 年，現代原子理論開始演進，此時英國化學家道爾頓（John Dalton）提出一個概念，物質由不可分割的小塊組成，他也稱之為原子。他注意到法國化學家普羅斯特（Joseph-Louis Proust）取得的結果——物質容易在化學反應中結合，採取固定的整數比例。比方說，氧跟錫結合的時候，反應的氧量一定是固定的 13.5% 的倍數，倍數則視反應的類型而定。這表示氧原子的重量是錫原子質量的 13.5%。

「質子賦予身分給原子，電子則賦予個性。」

——布萊森（*Bill Bryson*）

　　根據這些發現，道爾頓建立自己的原子理論，用五個原則來指明：

1. 所有的化學元素都由原子這種微小的粒子組成。

2. 特定元素的原子大小、質量和其他特質都一樣。

3. 某個元素的原子跟其他元素的原子不一樣。

4. 原子不可分割，無法毀壞。

5. 一個元素的原子與另一個元素結合時，會形成化合物，而且會等量結合。

　　科學後來反駁道爾頓的幾個原則，但第一個跟第三個仍適用，也最為重要。1803 年，他首次在曼徹斯特文學與哲學協會提出他的理論，1808 年出版著作《化學哲學的新體系》更進一步擴展。道爾頓為化學研究鋪路，帶來重大的發展，但再過一次世紀，在顯微鏡下觀察到花粉的鋸齒狀動作，愛因斯坦才證實原子的存在。他推論，看不見的原子互相碰撞，衝擊花粉。

西元 1905
愛因斯坦研究花粉後，證實原子的存在

西元 1909
伯蘭率先提出亞佛加厥常數的估計值

西元 1926
伯蘭證實分子存在，得到諾貝爾物理學獎

化學鍵

原子怎麼融合在一起創造出分子？在原子裡，原子核帶正電，周圍有一叢帶負電的電子。原子彼此靠近時，電子雲會互動，連在一起形成分子。

化學鍵有兩種。共價鍵指兩個原子共享一對電子，在非金屬元素中可以找到，例如碳、氧和氫。在離子鍵裡，原子會獲得或失去電子，創造出帶電的粒子，叫作離子。非金屬的原子得到電子，就得到負電荷，氫和金屬原子則會失去電子，產生正電荷。相反的電荷產生吸引力，讓分子聚在一起。

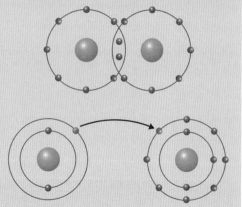

共價鍵裡的原子（上圖）共享電子，離子鍵（下圖）則傳輸電子，一個原子得到負電荷，留下正電荷給另一個原子。

化合物

　　1811年，不怎麼有名的義大利化學家亞佛加厥（Amedeo Avogadro）根據道爾頓的理論，提出原子可以在化學反應後連結在一起，創造出分子。「分子」一詞原本由十七世紀的法國哲學家笛卡兒（René Descartes）提出，但跟原子指一樣的東西。亞佛加厥澄清對錯，主張原子是化學元素不可分割的單位，分子則是化合物的基本單位，把原子鎖定在一起而成。亞佛加厥的研究很傑出，他提出的正式陳述後來稱為亞佛加厥定律。這個定律說，同樣體積的氣體，溫度和壓力一樣，不論自身的物理特質和化學本質為何，都有同樣數目的分子。嚴格地說，定律只適用於「理想氣體」，分子不會對彼此施力，但在大多數情況下，仍是不錯的近似值。

亞佛加厥常數

　　說到材料裡的原子數目，這位義大利化學家還有另一項突破。他證實，如果你把特定分子裡所有的原子質量加起來，就會得出叫作「莫耳質量」的數量。比方說，碳的原子質量是 12，氧的原子質量是 16。所以二氧化碳（CO_2）的莫耳質量是 44（一個碳加兩個氧）。因此，如果物質的量用公克計算，等於物質的莫耳質量，那分子的數目永遠都一樣。

　　今日，這個數目叫作亞佛加厥常數，已知的值為 6.022×10^{23}（大約是 6 後面跟 23 個 0）。科學家通常把這個分子數目稱為物質的「莫耳」：舉例來說，44 克的 CO_2 含有一莫耳的分子。亞佛加厥常數並非由他本人定義，而是法國科學家伯蘭（Jean Baptiste Perrin）。他提議用亞佛加厥的名字來命名，突顯這位化學家在分子科學界的重大發現（亞佛加厥在世時，大家都不知道他的研究成果）。伯蘭繼續研究，證實分子的存在，1926 年獲頒諾貝爾物理學獎。

提要總結
物質由微小的粒子組成

18 週期表

在 1860 年代，俄羅斯化學家門得列夫（Dmitri Mendeleev）對化學元素有了突破性的發現，轉化我們的認知。門得列夫對元素非常著迷，相信可以按特性來排列元素。結果就是週期表，以獨特而雅致的方法排列宇宙中的化學結構單元。

在每所學校裡，化學實驗室的牆上都貼著週期表 —— 字母、數字和顏色構成的圖表，排列出形成宇宙的化學元素。各種元素的複雜資訊和多樣性能讓學生看得目不轉睛，無法自拔。

元素是這個世界的基本建構單位。可以用原子的單純形式存在 —— 跟化合物不一樣，化合物的基本單位是原子結合後形成的分子（見第68頁）。在 1860 年代早期，有 62 個已知的元素，多年來，科學家一直在尋找元素間的模式。最後，門得列夫成功了。

亂中有序

門得列夫一開始先列出每個元素的原子質量（現在我們知道原子質量等於原子核裡中子和質子的總數，不過這些次原子粒子要到二十世紀才被科學家發現）。他在一張卡片上寫下一個元素，以及這個元素的原子質量和幾項物理特質。在最初的時候，他按著質量的大小把元素排成一排。但他又發現，如果把這麼一長串分成好幾列，跟表格一樣，每一欄的元素都有相近的特質。比方說，門得列夫最左邊的欄有鈉、鋰和鉀，這些金屬掉進水裡都會有激烈的反應。表格裡的元素欄特質相似，

大事紀

西元 1789	西元 1862	西元 1864
法國科學家拉瓦謝（Antoine Lavoisier）把元素按基本特質分組	法國地質學家尚古多（Béguyer de Chancourtois）發現計算元素原子質量的方法	蘇格蘭化學家紐蘭茲（John Newlands）發現元素間週期性的起點

稱爲「族」，「週期」則指特性的重複，跟列有關。

　　門得列夫在 1869 年發表「週期表」的第一版，但週期表一直進化。如果元素看似放錯了位置，門得列夫就把它移到符合模式的地方。他在表格裡留下空間，因爲他相信尚未發現的元素之後可以插進來，也成功預測了五種此類元素與其化合物的特性。

　　舉例來說，他推論鋁下面有個空間，估計這個「不見的」元素原子質量應該是 68。他把這個元素取名爲類鋁，六年後法國化學家布瓦伯德朗（Paul-Émile Lecoq de Boisbaudran）分離出鎵，特質都符合門得列夫預測的類鋁，證實門得列夫說對了。鈧和鍺分別在 1879 年和 1886 年發現，更強化週期表的可靠度。1890 年代，拉姆齊爵士（Sir William Ramsay）發現鈍氣，讓週期表多了一個族。

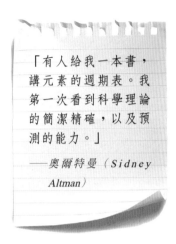

「有人給我一本書，講元素的週期表。我第一次看到科學理論的簡潔精確，以及預測的能力。」

——奧爾特曼（Sidney Altman）

原子電荷

　　現在週期表已經擴充到 118 個元素。門得列夫的做法很有彈性，覺得有需要就重排表格，元素排列的基本順序得以浮現：不是按質量，而是按「原子序數」。

　　大多數人可以用化學符號認出元素（例如氫是 H），但元素也可以用原子序數來分類。原子質量反映原子裡的質子和中子總數，而原子序數純由質子的數目決定。氫只有一個質子，原子序數爲 1。

　　每個質子都帶有一個單位的正電荷，因此原子序數可以測量原子核的電荷。1913 年，英國物理學家莫斯利（Henry Moseley）證實原子序

西元 1869	西元 1875	西元 1890
門得列夫把六十二種已知的元素排入週期表，創造歷史	布瓦伯德朗發現元素鎵，符合門得列夫的預料	拉姆齊發現週期表上的新族：鈍氣

門得列夫（1834～1907）

門得列夫生於西伯利亞的托博爾斯克，家中當時已經有十三個孩子。門得列夫還小的時候，父親雙目失明，一家人生活很艱苦。他的母親決心讓孩子接受教育，1849 年，他們橫跨俄羅斯，來到聖彼得堡，門得列夫進入中央教育研究所攻讀物理學和數學。他畢業時取得最優秀的金獎，並在聖彼得堡和海德堡大學繼續學業。

1867 年，門得列夫受命成為聖彼得堡大學的普通化學教授，在那裡教書教到 1890 年。他寫了很多文章跟書籍，包括《化學原理》，譯成許多語言。

1869 年 2 月，門得列夫迎來重大的發現。他那天原本要去參觀乳酪工廠，但天氣很差，他只得留在家裡工作。一開始，化學家並不怎麼在意他的週期表。然而，他預測的元素（鎵）出現後，讓週期表稱為理論化學的重大支柱。

但問題仍未得到解答，為什麼「週期表之父」沒有贏得諾貝爾獎？門得列夫在 1905 年和 1906 年都獲得提名，但一名評審認為他的成就早已廣為人知。然而，1907 年去世前，門得列夫已經得到國際公認，也贏得許多其他的獎項。

數與核電荷之間的關聯，讓科學家發現更多元素。而此時尚未確認為什麼同一族的元素會有同樣的化學特質。逐漸嶄露頭角的量子理論（見第40 頁）不久就提供了答案。

量子化學

原子核周圍有一團帶負電的電子粒子。量子理論指出，這些電子會繞著原子核排成同心「殼」。同一族的元素在最外層的電子數目通常一樣，或很接近，這些電子最容易與其他原子產生化學反應——因此，同一族的元素不論最外層下有多少層電子，都有類似的化學特質。

每個元素在原子核內都有固定的質子數目，但中子數目卻可能不一樣，因此有了「同位素」，原子的化學作用相同，但在核反應中的行為不一樣（見第 44 頁）。此外，在元素樣本內的大量原子可以排列成不同的樣子，導致物理特質不同的「同素異形體」。比方說，O_2 是兩個連在一起的氧原子，臭氧 O_3 則是三個連在一起的氧原子。

　　隨著時間過去，發現的新元素愈來愈多，門得列夫一開始有八族的週期表也跟著擴張。最新加入的元素包括鑭系元素、錒系元素和化學特質未知的元素，在實驗室裡一次只能合成幾個原子。門得列夫的研究並未爲他贏得諾貝爾獎，但現在他也得到了殊榮，有個元素用他的名字來命名，排在 101 的鍆（mendelevium）。

提要總結
化學元素看不見的基本順序

19 放射性

有些化學元素天生就很不穩定。它們的原子會慢慢分解，穩定釋放出粒子碎片和能量，整體稱為放射性。有些放射性材料對健康有害，但有些要是謹慎處理，則能用於醫學診斷和癌症治療。

1896 年，貝克勒（Henri Becquerel）發現放射性。這位法國物理學家一心研究 X 射線：1895 年，德國物理學家倫琴（Wilhelm Röntgen）發現 X 射線。貝克勒想知道 X 射線跟磷光有沒有關係（有些材質會把吸收的陽光以緩慢的速度再度射出），開始測試自己的假設。倫琴觀察到 X 射線會讓密封的照相底片變得模糊，貝克勒則試了類似的行動方針。他把照相底片包在黑紙裡，上面放磷鹽。在實驗中，貝克勒發現只有鈾鹽〔硫酸氧鈾（VI）鉀〕能讓密封底片變得模糊。

一開始，貝克勒相信鈾從太陽吸收了能量，以 X 射線的形式散發出來，但有一天在巴黎烏雲密布，證明他的假設錯誤——底片依然變模糊了。貝克勒推論，有些看不見的輻射從鈾穿過黑紙，導致底片變模糊。這個現象後來由居禮夫人（Marie Curie）命名為「放射性」，她跟丈夫一起發現了高度放射性的元素鐳和釙。

輻射放射

貝克勒和其他科學家繼續研究放射性，發現輻射有三種形式——alpha、beta 和 gamma。Alpha 輻射由短程的重粒子組成。鈾、鐳和釙

大事紀

西元 1896	西元 1898	西元 1899
貝克勒觀察到鈾產生的天然輻射	法國科學家居禮夫婦發明「放射性」這個名詞	拉塞福觀察到鈾輻射有 alpha 和 beta 粒子

都會放出 alpha 粒子，可於自然環境中發現，例如岩石、土壤和水。Alpha 粒子行進緩慢，在空氣中會快速流失能量，無法通過人類的皮膚或衣物。

　　Beta 輻射由較輕的粒子組成，可以在空氣中行進數公尺。Beta 輻射能穿透皮膚中產生新細胞的胚層。鍶-90 會放出 beta 粒子，1986 年車諾比爾發生核災後，俄羅斯的大多數區域與西歐都受到這種放射性同位素的污染。而 gamma 輻射則是電磁輻射，可及範圍沒有限制。Gamma 輻射能穿透人類皮膚，因此用於醫療來消滅癌細胞，但也有可能致命。

　　從 1890 年代晚期開始，紐西蘭物理學家拉塞福的研究讓我們更了解放射性如何形成。他跟頂尖的化學家索迪（Frederick Soddy）在加拿大的蒙特婁進行研究，發明蛻變理論，基本上他們認為原子分解成組成的粒子時，就會導致輻射。然而，拉塞福繼續研究 alpha 粒子的消散，發現原子的質量（包括所有的中子和質子）大多集中在原子核（見第 72 頁）。

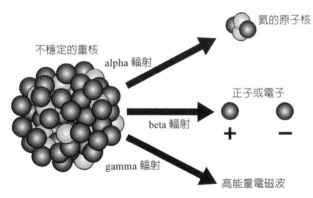

不穩定的重核

alpha 輻射 → 氦的原子核

beta 輻射 → 正子或電子 ＋ －

gamma 輻射 → 高能量電磁波

放射性有三種形式——alpha 粒子、beta 粒子和 gamma 射線。

西元 1903
拉塞福和索迪提出放射性的原子蛻變理論

西元 1913
蓋革（Hans Geiger）公開他具有代表性的輻射偵檢器：蓋革計數器

西元 1986
車諾比爾核電廠爆炸，釋放出 52000000000000000000 貝克勒（輻射單位）的放射性

　　了解這一點後，拉塞福發現，放射性不光跟原子的分裂有關，而是原子核本身的蛻變。Alpha 粒子據說是氦的核，每個都由兩個質子和兩個中子組成，這四個粒子從原子核射出時，就會形成 alpha 粒子。而 beta 粒子則只是電子。這些粒子通常不會存在於原子核外，但科學家證實，在某些情況下，不帶電的粒子會衰變成留在原子核內的帶正電質子，以及被射出的帶負電電子。最後也證實，gamma 輻射只是高能量的電磁波（見第 16 頁），原子核從高能狀態掉到低能狀態時就會釋出。

放射性元素

　　並非所有的化學元素都有放射性：一般來說，原子核很重的元素才有這個特質——質子超過 83 個（例如鈾有 92 個）。同樣都帶正電荷的中子之間有靜電排斥，所以核子會被推開，很難留在一起——因此重核很不穩定。

　　科學家用「半衰期」來量化原子核的放射性程度。基本上指樣本中一半的核衰變所需要的時間。放射衰變基本上是統計的過程：沒有物理學定律能告訴我們某個原子什麼時候會衰變。但當樣本中含有大量原子時，我們可以指出衰變的平均速率，這就是半衰期的作用。半衰期可能很長：舉例來說，鈽 -239（原子核內總共有 239 個粒子的鈽，是核電廠產生的廢棄物）的半衰期為兩萬四千年。

競爭與合作

　　放射性的用途很多。用已知半衰期（5730 年）的放射性碳來推算年分，可以算出物質的年齡。古老的工藝品，例如死海古卷和考古遺跡，都用這種方法推定年分。

　　核子醫學方面則更有益處。放射性示蹤劑可以用來警示體內器官的機能異常。放射性同位素搭配半衰期很短的元素，例如鎝 -99，可以確保輻射不會長期留在體內。同時，癌症患者幾乎有三分之二在患病時接受放射性治療。輻射也用來消毒醫療器具：密封在氣密袋裡，然後用能穿透袋子的 gamma 射線轟炸。這會殺死在「乾淨」設備上的細菌，在

袋子打開前都能保持消毒狀態。

但放射性也有危險，我們要謹慎。1986 年，烏克蘭位於車諾比爾的核電廠爆炸，將放射性殘骸四散到面積廣大的區域。據估計，放射污染的程度讓車諾比爾在接下來的兩萬年內都不適合居住。

輻射危害

發現放射性後，沉迷研究其特質的科學家冒了很大的風險。居禮（Pierre Curie）自願用鐳射線照射自己的手臂數小時，造成的損傷花了好幾個月才痊癒。貝克勒把含有鐳鹽的玻璃試管放在背心口袋裡，結果燒傷了。他後來評論鐳的時候說道，「我愛它，但我也恨它。」

居禮夫婦在處理放射性物質時不太小心，結果 1934 年，居禮夫人死於再生不良性貧血，骨髓無法產生足夠的血液細胞。居禮夫婦的論文和居禮夫人的食譜到目前為止，放射性依然很強，無法碰觸。

提要總結
原子核自發蛻變

20 半導體

半導體徹底改革我們生活、工作和溝通的方式。電子產品迷你化，微晶片誕生，我們目前使用的電子裝置幾乎都有微晶片，包括無線電、電視、個人電腦、衛星導航和手機。

半導體材料可以傳導電流，但不完整。傳導性不夠，不像銅是完整的導體，隔絕性也不夠，不像玻璃是絕緣體。大多數半導體是晶體，用矽或鍺等材料製作。半導體的用途在於能用電流精確控制傳導性。工程師可以把半導體用於放大或切換電流信號的裝置——尤其是後者，出現在許多日常使用的裝置裡。

重大突破

紐澤西美國電話電報公司的貝爾實驗室造出第一種實用的半導體裝置。1945 年，研究小組成立，在英國物理學家蕭克利（William Shockley）帶領下，開發出半導體放大器。蕭克利喜歡在家工作，他的同事巴丁（John Bardeen）和布拉頓（Walter Brattain）得以獨立研究。1947 年，巴丁和布拉頓造出粗略的放大器，有兩個金接點，用塑膠楔形連在一起，楔形較細的一端則放在半導性的鍺片上。裝置成功了：較強的電流通過一個金接點，鍺片可以用另一個接點的輸出來控制，基本上就能放大信號。

巴丁和布拉頓創造出第一個「電晶體」——混合了「轉移」和「電阻」（調節電流的裝置）。貝爾實驗室於 1948 年公開他們的發現。蕭

大事紀

西元 1940	西元 1947	西元 1951
歐爾（Russell Ohl）發現「P-N」接面，半導體裝置中的重要元素	蕭克利、巴丁和布拉頓發明第一種半導體裝置，也就是電晶體	蕭克利發明精密的雙極性接面電晶體

克利為這項發展歡喜不已，卻很著惱這兩人丟下他。因著同行相嫉，他閉門造車，想獨力改善裝置。

N 型和 P 型半導體

加入雜質，可以製造不同類型的半導體，這叫作「摻雜」。加入電子過多的元素，可以製造「n 型」半導體——例如，磷就是常加入矽的摻雜物。另一方面，加入缺乏電子的摻雜物，例如硼，可以造出「p 型」半導體。因此，n 型半導體的電子過多，p 型半導體則有不少帶正電的「洞」，是缺少的電子留下來的。

1951 年，蕭克利改良了巴丁和布拉頓的電晶體，後來叫作「雙極性接面電晶體」，有三層交替的 n 型和 p 型半導體。裝置可以有兩種不同的設置。在 NPN 電晶體裡，增加中間 p 層的伏特數，讓其中的電子突然變多，加大外面兩層之間的傳導性，進而加大電流。在 PNP 電晶體中，過程差不多，但不是由中間層的電子主導，而是正電洞的數目。

這個裝置基本上能讓微弱的電流通過中間層，來控制外面兩層間流過的較強電流。之前的電器裡使用巨大低效率的真空管，電晶體往前躍了一大步。巴丁、布拉頓和蕭克利在 1956 年因為他們在半導體和電晶體上的研究，共同獲得諾貝爾物理學獎。

巴丁（1908～1991）

巴丁是唯一一個得過兩次諾貝爾物理學獎的科學家：1956 年第一次，因為他跟布拉頓和蕭克利發明了電晶體；第二次是 1972 年，跟古柏（Leon N. Cooper）和施里弗（John Robert Schrieffer）共同研究超導現象理論（見第 85 頁）。

1908 年，巴丁生於美國威斯康辛州，父親是威斯康辛大學醫學院的院長。他就讀電機系，1936 年在普林斯頓大學取得數學物理學博士學位。

1945 年，他到紐澤西的貝爾實驗室任職，與布拉頓合作，發明了電晶體。1951 年，他離開貝爾實驗室，到伊利諾大學擔任物理學教授。巴丁安靜謙虛，不愛出鋒頭。不過，1990 年，他仍被《生活》雜誌選入「本世紀一百位美國最有影響力的人物」。

西元 1956
巴丁、布拉頓和蕭克利贏得諾貝爾物理學獎

西元 1958
半導體微晶片發明，為數位電子裝置鋪路

西元 2015
IBM 發表最小的電晶體——大小只有 7 奈米

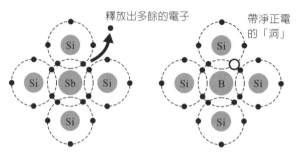

矽（Si）掺雜了銻，產生 n 型帶負電半導體（左），掺雜硼（B）則產生 p 型帶正電的半導體（右）。

從無線電到微電子學

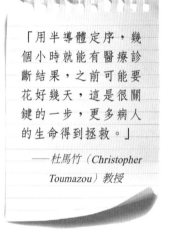

「用半導體定序，幾個小時就能有醫療診斷結果，之前可能要花好幾天，這是很關鍵的一步，更多病人的生命得到拯救。」

── 杜馬竹（Christopher Toumazou）教授

電晶體於 1949 年開始銷售，但當時懂得其意義的人不多。電晶體收音機在 1954 年推出，修改後消減了零售價，大受歡迎，1960 和 1970 年代賣出數十億台。但接下來還有更多意義重大的應用。

蕭克利、巴丁和布拉頓的電晶體不光能當放大器，也能當開關，切斷或接通少量的電流。一個開關的「開關」狀態能儲存二元數字的狀態，也就是「一個位元」的資訊（見第 52 頁）。成群的半導體開關形成邏輯閘，這是數位電路的基本構件，能執行功能和處理資訊。邏輯閘是數位電子學的基礎，個人電腦、數位相機、電視和手機都要仰賴邏輯閘。今日的電晶體能每秒開關三十億次，用光速處理資訊。

沒有電晶體的話，電腦仍要用真空管──含有電極的玻璃管，中間留下縫隙來調節電子的流動。真空管占的空間很大，因此早期的電腦需要的面積都有一個房間那麼大。1953 年，第一台電晶體電腦在曼徹斯特大學誕生。兩年後，IBM 推出第一台電晶體計算機，IBM 608。

1958 年，美國工程師基爾比（Jack Kilby）和諾伊斯（Robert Noyce）發明半導體微晶片，也就是矽晶片，讓科技迷你化，將許多電晶體裝入一小片半導體裡，帶領個人電腦的發展，也寫下歷史性的一頁。第一片電晶體約寬 1.3 公分，現在則小到一片微晶片就能裝幾十億

個電晶體。半導體現在是日常電氣裝置的核心元件，也讓大眾能享受科技。產業、通訊、醫療和太空冒險都因此有了革命性的突破。微晶片發明後，也揭開了數位時代。

微小的電晶體

縮小電晶體後，電子裝置價格降低，速度也變快。電晶體目前最小只能到 5 奈米——再小的話就進入量子物理學的領域，物質和能量的運作很神秘。這一類的效應有電子穿隧效應。如果材料是 5 奈米厚（或更少），電子就能穿過。電晶體的設計要控制電子流動，因此這就是問題。在 2015 年，IBM 宣布他們造出只有 7 奈米的「測試」晶片。為了讓大家比較一下，人類的頭髮粗細是八萬奈米。在本書寫作的同時，商業用晶片上能裝入的電晶體最多有 55 億個，也就是英特爾公司的 Haswell-Xeon-EP 晶片。

提要總結
製造微晶片

21 超導體

在低溫下，某些材料的電阻會突然消失——這個現象稱為超導現象。超導體已經用在運輸、超高效發電機、醫學影像裝置和粒子加速器上。現在科學家則爭相讓超導體能在室溫下運作。

超導體是一種材料，可以用零電阻導電。因為阻力會導致電流中的能量以熱能的形式流失，超導體的優點就在這裡。透過盡量減少浪費，超導體有可能徹底改善電力科技。目前在發電的時候，10～15% 的電力會從輸電線路上消散，變成熱能。使用超導體，就不會浪費，這會大大衝擊能源效應和環境。

荷蘭物理學家歐尼斯（Heike Kamerlingh Onnes）是萊登大學實驗物理學系的教授，他發現了這個現象。1904 年，他成立了大型低溫實驗室，來研究材料在極低溫下的行為。那時，包括愛爾蘭物理學家開爾文勛爵（Lord Kelvin）在內的幾位科學家都相信在這麼低的溫度下，傳遞電流的電子會凍住，增大阻力，但歐尼斯相信阻力會慢慢下降。1911 年，研究汞線的傳導性時，他注意到，如果把溫度降到超過絕對零度 4.2 度（-269°C），汞的阻力會突然消失。這項發現非常重要，歐尼斯在 1913 年因為他的突破得到諾貝爾物理學獎。

這個現象吸引了科學家的注意力，但也令人困惑。沒有人能了解。1933 年，德國科學家邁斯納（Walther Meissner）和奧克森菲爾德

大事紀

西元 1911	西元 1933	西元 1957
歐尼斯把電流施加到接近絕對零度的汞，發現超導現象	邁斯納和奧克森菲爾德發現超導體會排出磁場	巴丁、古柏和施里弗發表超導現象的 BCS 理論

（Robert Ochsenfeld）注意到，超導體會排出內部的磁場。所謂的邁斯納效應非常強大，如果把磁鐵放在超導體上，磁鐵會浮起來。

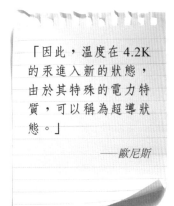

「因此，溫度在 4.2K 的汞進入新的狀態，由於其特殊的電力特質，可以稱為超導狀態。」

——歐尼斯

反抗無效

1957 年，在伊利諾大學任職的美國科學家巴丁、古柏和施里弗找到了原因。在一般的導體中，比方說銅，自由的電子在材料的原子間來回遊蕩。通電後，這些電子從負極流到正極，產生電流。然而，電子並非材料中唯一的東西——還有帶正電的原子核。熱讓材料中的原子核晶格振動，撞擊電子，阻礙電流——這就引發了電阻。冷卻後，振動減少，就降低阻力。

在超導體中，阻力完全消失。BCS 理論（BCS 分別是三位科學家姓氏中的第一個字母）假設，這是因為一起鎖在「古柏對」（Cooper pairs）裡的電子穿過原子核晶格流出，不會碰撞。大致說來，對中的第一個電子的負電荷會吸引帶正電的原子，向內扭曲晶格。扭曲後，正電荷更加集中，把隨之而來的電子向前拉，電流就不會中斷。

升溫

超導體的問題是需要極低的溫度，必須用液態氦之類非常昂貴的冷卻液（見第 87 頁的說明框）。1986 年這方面有了突破，IBM 科學家柏諾茲（Johannes Georg Bednorz）和穆勒（Karl Alexander Müller）發現一種銅瓷混合物，可以用 30K 的溫度（-243°C）超導——依然很冷，但溫度已經比歐尼斯的汞線高。

西元 1962	西元 1986	西元 2006
美國西屋公司開發出第一條商業用超導線	柏諾茲和穆勒創造出第一個高溫超導體	史上最大、用於大型強子對撞機的超導磁鐵啟用

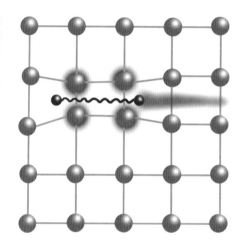

在低溫下的超導體中，「古柏對」裡的電子把帶正電的原子核拉在一起，產生正電區，把另一個原子拉過來。

他們兩位因這項發現得到諾貝爾物理學獎。之後科學家也造出能在 127K（-146°C）溫度超導的材料。這些材料後來叫作「高溫超導體」，它們的發現也帶來電子學、醫學、發電和旅遊各方面的新發展。

舉例來說，超導體就負責推動日本的「子彈列車」，這種列車用磁浮方式懸在軌道上。2015 年，七節車廂的磁浮列車打破世界紀錄，每小時的最高時速可達 600 公里。其超導磁鐵利用邁斯納效應把列車抬起來，因此車廂浮在特殊滑軌上方 10 公分的地方。

粒子加速器，例如瑞士 CERN 的大型強子對撞機，也利用超導現象。粒子加速器用長長的地下隧道，其中的粒子加快到接近光速的速度，然後猛撞在一起，殘骸大量落下，暴露出更小、基本的次原子粒子。CERN 的圓形隧道長 27 公里，有 1500 多個超導磁鐵，造出的磁場負責引導粒子的走向。每塊磁鐵都長 15 公尺，重 35 噸，產生的磁場強度是地球的十萬倍。

醫療用磁鐵

超導體是磁振造影（MRI）機器的重要元件，這種機器用來診斷心臟病和癌症等病症。MRI 系統用強大的磁場刺激體內的水分子發出電磁能量。測量發出的能量，再造出診斷影像。磁場由超導磁鐵產生，磁鐵中有線圈，可讓電流通過。磁鐵泡在液態氦裡，溫度保持在 -269.1°C。

此外，超導發電機也能改變世界。標準發電機用普通的銅線，線圈以機械方式繞在磁場外面，產生電流。用超導線取代銅線的發電機效率幾乎是 100%，比傳統機型小一半。芬蘭物理學家算出，如果歐盟各國

的發電廠都用超導發電機，每年的碳排放可以減少 5300 萬噸。儘管如此，從發電機把電力送給用電者，仍會流失能量。唯一的解決方法是找到能在室溫下運作的超導體 —— 這就是下一個重大的挑戰。

地球上最冷的地方

歐斯尼在準備低溫超導體的實驗時，把他的家鄉萊登變成地球上最冷的地方。為了保持超導體的低溫，他需要冷卻劑，1908 年 7 月 10 日，他找到了。將氦氣冷卻到接近絕對零度時，氦變成液態 —— 人類史上第一次製作出液態氦。歐尼斯再把氦繼續冷卻到只超過絕對零度 0.9°C 的溫度。這是我們已知最有效的冷卻劑。

提要總結
開啟電力的快車道

22 巴克球和奈米碳管

在 1985 年以前，科學家相信我們對碳的知識已經非常詳盡。然後科學家發現了富勒烯，這種形式的碳很獨特，科技潛能無窮。富勒烯能造出比鋼強二十倍的材料，也可能製作出愛滋病和癌症的藥物。

碳是生命很重要的一項元素。在人體的每個細胞內幾乎都有碳，也是銀河中第四多的元素。多年來，我們已經找到三種碳的同素異形體（原子不同的分子組織）。有煤煙、石墨和鑽石。1985 年，一隊來自各國的科學家有了重大發現，揭露碳的新同素異形體，在工程學、醫學和科技上都有強大的潛力。

故事從英國的薩塞克斯大學開始，化學家克羅托（Harold Kroto）有意探索聚集在紅巨星大氣層裡的碳分子特質。他用微波光譜的技術來分析碳分子。然後，去美國德州的萊斯大學拜訪時，克羅托與光譜專家柯爾（Robert Curl）會面，後者給他看非常強大的雷射，能把化學物氣化成原子的等離子。萊斯大學的另一位科學家思莫雷（Richard Smalley）造出這台裝置。

盡興發展

在一系列的實驗中，克羅托、柯爾和思莫雷用雷射氣化石墨的樣本。蒸氣中形成的碳結構接受分析後，小組成員注意到很奇怪的現象。以前沒看過的碳同素異形體大量形成，含有 60 個原子。進一步研究

大事紀

西元 1985	西元 1991	西元 1993
柯爾、克羅托和思莫雷發現新的碳同素異形體：巴克球	飯島澄男（Sumio Iijima）說明奈米碳管的結構	科學家發現富勒烯可以抑制 HIV-1 蛋白酶分子

後，證實這種同素異形體爲了保持穩定，必須是球體，有60 個頂點，由 12 個五邊形和 20 個六邊形組成，跟足球一樣。每個分子的大小大約是 1 奈米，大約是人類頭髮直徑的萬分之一。

　　小組把他們的發現命名爲「巴克明斯特富勒烯」，紀念美國設計師富勒（Richard Buckminster Fuller），因爲富勒也用類似的結構設計出穹頂。這個名稱後來截斷成「巴克球」。一開始，科學家對這項發現心存疑慮，因爲碳早已經過徹底研究，很難想像世界上會有不同的同素異形體。進一步的證據出現，又發現了有 70 個、76 個和 84 個原子的球型碳分子，支持他們三人的發現。這組同素異形體後來稱爲富勒烯，克羅托、柯爾和思莫雷則在 1996 年獲頒諾貝爾化學獎。

「這是純碳的第三種形式，我們真沒想到，其他人也沒想到，世界上居然會有這種球狀的碳籠分子。」

——克羅托

太空中的巴克球

　　地球上的巴克球有好幾種形式。從蠟燭燒出的氣體，到次石墨和閃電熔岩等岩石中，都可以偵測到。NASA 的史匹哲太空望遠鏡在 2010 年證實太空中有氣體巴克球，兩年後，太空人在雙星蛇夫座 XX 星周圍偵測到含有堆疊巴克球的固體結晶。有些太空人甚至推測，來自外太空的巴克球可能藉由墜落到地球上的隕石，把碳帶到地球上。巴克球或許能解釋天文學上最難解的一個謎團。

　　一個世紀以來，天文學家觀測到從銀河其他恆星到達地球的光譜上有縫隙。這些縫隙叫作瀰漫星際譜帶（DIB），據信由粉塵和其他吸收光線的分子造成，導致特定光線明顯變暗。2015 年，巴塞爾大學的研究人員在類太空的條件下讓巴克球吸收光線並加以分析，然後宣布

西元 2012	西元 2013	西元 2014
NASA 的史匹哲太空望遠鏡偵測到太空中的固體巴克球，不是氣體	科學家發現把富勒烯用在藥物傳遞中的方法	研究人員找到籠狀硼富勒烯，含有 40 個原子

通往天堂的階梯

一百多年來，科學家一直夢想能造出太空電梯：這座電梯能把貨物吊到太空中，跟火箭比起來，價格廉宜，對環境的危害也更小。但要有材料，強到能製造出 35000 公里長的纜線，支撐電梯的重量，似乎不可能──鋼製纜線最長也只能到 30 公里。

奈米碳管的開發，讓這個想法死灰復燃，因為工程師發現，他們能造出更輕、更強韌的纜線，跨越那麼長的距離也不會坍塌。國際宇航科學院估計，太空電梯傳輸的貨物量跟太空梭差不多。

結果。他們發現富勒烯吸收光線的方式符合 DIB 裡面看到的吸收模式。研究結果也指出巴克球已經數百萬年保持完整無缺，在太空中能行進很長的距離。

奈米碳管

巴克球的研究在 1991 年讓科學家發現另一種相關的同素異形體。奈米碳管是巴克球的圓柱狀親戚，很像捲起來的金屬絲網。這些分子很小（直徑只有一公尺的幾十億分之一），但創造出的塊材強度是鋼的二十倍，重量只有鋁的一半。奈米碳管擁有驚人的化學和機械特質，因此是科技的明日之星。導熱速度比鑽石（之前是最佳的熱導體）更快，導電效率則是銅的四倍。

奈米碳管可以用作電容器裡的電極，因為表面積大，儲存的電荷比傳統設計多。也可以取代微晶片裡的矽，透過個人電腦、智慧型手機或智慧型手錶，提供更快、更有效率的資料存取。強度、結構和耐磨的本質，讓奈米碳管變成理想的建築材料。應用還包括高爾夫球桿之類的運動器材、防彈衣、火箭和建材。也可以用來製作篩網，過濾出雜質，例如有毒的化學物和生物污染，就能得到乾淨的飲用水。

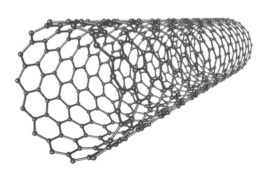

富勒烯的各種形狀：奈米碳管（左）的直徑只有一公尺的十億分之一，抗張強度極佳；巴克球（右）是球型，直徑跟奈米碳管一樣。

　　在醫學上，奈米碳管在癌症治療這方面的潛能無窮，可以用來把減低劑量的藥物遞送到特定的生病細胞。我們知道富勒烯也是強大的抗氧化劑，能減慢有害自由基產生的速度。藥廠正在研究怎麼用奈米碳管控制阿茲海默症和運動神經元疾病對神經系統的傷害，也在測試用來對付動脈粥瘤硬化和細菌感染的藥物。1993 年，美國研究人員發現富勒烯能阻斷 HIV-1 蛋白酶的機能，這是 HIV 感染時的關鍵性生物分子。現在研究 HIV／愛滋病的人都承認，這個領域將大大獲益於奈米碳管科技。發現富勒烯後，科學也揭開新的篇章 —— 奈米科技（見第 92頁）。這是未來的工程材料，也是近來最激勵人心的一項發展。

提要總結
設計未來的材料

23 奈米科技

科學家現在能控制和操控原子，執行各種功能。掃描穿隧顯微鏡發明後，開啓奈米世界的通道，在醫學方面能提供令人振奮的發展，之後的病患或許就不需要化療這樣令人衰弱的療法。

很難揣摩所謂的奈米世界到底有多小。一奈米是一公尺的十億分之一——等於一毫米的百萬分之一。假設彈珠的寬度是 1 奈米，相較之下，地球的直徑 91 公尺。奈米科技涵蓋生物學、化學、物理學和工程學在奈米規模上的匯集。

奈米科技本身不是新產物。大自然通曉這方面的藝術，大多數的生物過程幾乎都是奈米規模。比方說在人體內傳輸氧氣的血紅素，直徑是 5.5 奈米，DNA 分子則寬 2 奈米。奈米科技的科學採取量子規模，材料的行為會跟一般的巨塊物質不一樣。從此，許多新科學和科技應用隨之產生。物質強度提高、化學反應更靈敏、磁性特質變得不一樣、導熱導電的效率也提高。

重大發現

幾項突破讓奈米科技發展為科學的領域。1974 年，東京理科大學的谷口紀男（Norio Taniguchi）教授率先發明這個說法，用來描述非常精密的材料科技。接著在 1981 年，科學家發明了掃描穿隧顯微鏡。IBM 蘇黎世辦公室的賓尼希（Gerd Binnig）和羅雷爾（Heinrich

大事紀

西元 1959	西元 1974	西元 1981
費曼發表突破性的演說，強調控制原子的潛在可能	谷口紀男提出「奈米科技」的說法，描述在奈米規模上設計材料	掃描穿隧顯微鏡發明，科學家可以看見原子

Rohrer）創造出這種顯微鏡後，科學家可以觀察寬度只有 0.01 奈米的面積。奇妙的是，這種顯微鏡精確到能暴露個別的原子和它們的位置：他們打開了次原子世界，也得到諾貝爾物理學獎。

1985 年以後，科學家發現奈米規模的巴克球（見第 88 頁），帶來奈米碳管的發展。從此也開啓了奈米規模電器和裝置的發展，以及新的醫療法。到了 1990 年代早期，許多公司開始把奈米粒子做的產品推到消費者市場，包括透明的防曬產品、運動器材、防刮玻璃塗層以及更清楚的電視和手機螢幕。

量子穿隧

1981 年，掃描穿隧顯微鏡發明後，奈米科技才有可能發展。之前的電子顯微鏡在 1930 年代開發出來，讓我們能看到直徑一千分之一毫米的粒子或生物。掃描穿隧顯微鏡讓我們能研究小上十萬倍的奈米規模物體。原理是使用量子物理學中所謂的「穿隧」現象。

在量子物理學中，粒子就像波一樣，能穿透原本無法穿過的物質。有了掃描穿隧顯微鏡，探針尖端會穿過樣本表面。探針不會碰到樣本，但電流通過後，電子會在探針和表面之間來回流動。如果表面更靠近或更遠離尖端，電腦會感覺到電流改變並記錄下來。這樣就能精確畫出目標材料表面上的原子位置。

奈米科技的規模雖小，力量卻無比強大。把物質分解成最微小的形式，就能創造出巨大的面積，提高化學物的反應性。奈米結構的材料是無比有效的催化劑。在二十一世紀，車廠開始創造出新一代的催化轉換器，使用嵌入瓷板、只有五奈米寬的鉑、銠或鈀粒子。因此，將污染物轉換爲無毒排放的化學反應所需的貴金屬減少了 50%。

多年來，工程師都想克服挑戰，把更多電晶體擠進微晶片，讓電腦和智慧型手機更快更有效率。大多數微晶片目前的尺寸在 14～22 奈米之間；然而，在 2015 年，IBM 宣布他們創造出間距僅 7 奈米的微晶片。

西元 1985
柯爾、克羅托和思莫雷發現巴克明斯特富勒烯，碳的奈米粒子

西元 1989
IBM 科學家用掃描穿隧顯微鏡把公司的標誌寫在氙原子裡

西元 2015
7 奈米的微晶片發表——目前最小的微晶片

奈米機器人

幾百萬個奈米規模的機器人四處飛行，讓人又愛又怕。奈米機器人這種裝置經過程式設定，就像顯微鏡下的特遣部隊，能毀滅、修復或建構細胞。比方說，如果你感冒了，奈米機器人能偵測到侵入的病毒，崩解其原子，你就不會流鼻涕或鼻塞。

這項創新讓人聯想到末日而發出警告，假設奈米機器人釋放到環境中，開始把所有碰到的東西都轉換成它們的副本。不要幾天，就有副本逃脫，地球變成「灰黏黏的東西」。然而，大多數科學家都不相信會有這種事。

「醫療上的奈米科技將大大衝擊人類的存亡。」

——馬可斯（Bernard Marcus）

奈米規模的研究

在這種無法揣摩的規模上，怎麼控制和操控原子？掃描穿隧顯微鏡發明後，除了能看見微小的物體，也能移動它們。1989 年，IBM 的科學家用奈米科技在氙原子上寫下該公司的標誌。具備銅尖銥線的掃描穿隧顯微鏡可以偵測到原子，畫到平面的新位置上。

奈米規模材料的生產稱為奈米製作。有兩個方法。由上而下是把塊材縮小到奈米規模，但成本昂貴，還會產生大量廢物。由下而上則是從原子和分子元件製作材料——這個過程極度費時。因此，科學家在探索「自我組合」的可能性，把奈米規模的分子放置，能由下而上生長成有順序的建構。這個過程在大自然中隨處可見。例如，水分子會自我組合成冰晶，落下來就是我們看到的雪花。

醫藥應用

奈米藥物近年來突飛猛進。科學家正在研究怎麼把奈米規模的金子用來治療癌症。粒子可以控制成慢慢集中在腫瘤上，然後在裡面集合，再用精確的影像技術偵測粒子，然後用雷射摧毀。奈米科技也可以改變糖尿病人的生活。研究人員開發出用奈米科技的非侵入性裝置，功能就像呼氣分析器，偵測呼吸中的丙酮，因為丙酮和血糖濃度有關。病人不需要一天刺破手指好幾次，對著裝置吐氣就可以了。

多年來，奈米科技也引發了爭議，懷疑的人警告，我們尚未了解透徹的奈米粒子能進入血流，產生有毒的效應。就跟其他的「新」科技一樣，要用研究和測試來證實其潛力——衡量所有的風險。

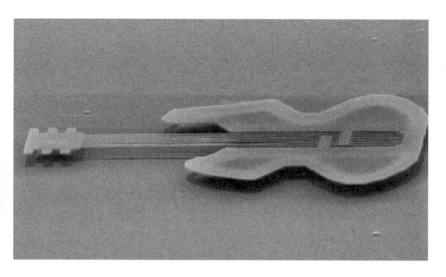

全世界最小的吉他，用奈米科技製造，長 10 微米（大約是人類紅血球細胞的大小）。

提要總結
尺寸小卻力量大的科學

24 生命的起源

地球上的生命如何開始，是一個很大的謎團。在地球早期的地質混亂後，生物如何發展出來？生物體來自海洋，還是搭著流星和彗星來到地球？理論各式各樣，跟問題一樣多。

　　地球是顆年輕的星球，環境非常嚴峻。從太空中落下的殘骸、流星撞擊、火山爆發以及放射性物質衰變，產生一大團劇烈的熱氣。難怪在地球歷史上，這個時期叫作冥古代，字源是希臘文的 Hades，意思是地獄。等到這個時期結束，地球表面或海底上的生命才能發展，差不多是距今 37 億年跟 40 億年之間。

　　當時，地球上的狀況開始變得溫和，地表冷卻，產生固體地殼及滿布岩石的地形。細菌等單細胞微生物是地球上最早出現的生命形式，在最古老的疊層石化石裡，我們也找到證據。這些生物怎麼從冥古代後的中生代留下的非有機物質殘渣中發展出來？這個問題讓科學家納悶了好幾百年，也帶來無生源論——生命怎麼從基本化學物裡冒出來。我們仍沒有答案，只有理論。

烹調原生湯

　　二十世紀初，科學家歐帕林（Alexander Oparin）和霍爾丹（John Haldane）分別提出類似的理論，在原始時代，地球的大氣層尚未供氧，如果有能量供給，例如閃電或紫外線，就能產生各式各樣的有機化合物。1952 年，米勒（Stanley Miller）和尤理（Harold Urey）在芝加

大事紀

西元前 400	西元 1903	西元 1920
阿那克薩哥拉提出，所有的生物都衍生自宇宙的「種子」	瑞典科學家阿瑞尼斯推測，孢子能在太空中存活	科學家猜測，原生湯被能量啟動後，創造出生命

哥大學進行很有名的實驗，測試這個理論。他們結合水、氫、甲烷和氨（據信當時已經有這些化學物），用電流在混合物中產生脈動，模仿地球上的益生條件。過了一星期，混合物裡產生幾種有機化合物，包括胺基酸，蛋白質的基本構件。米勒和尤理的發現支持這項理論，形成生命所需的化學物可以在地球上自然產生。

原生湯

原生湯的概念（及這個名詞的變化）已經承受上百年的爭議，但原生湯究竟是什麼？1924 年，蘇聯生物學家歐帕林提議，地球早期的大氣混合了二氧化碳、甲烷、氨、氫和水。在化學物會變少的大氣層裡（也就是說，氧氣很少），電氣活動會催化有機化合物的產生，包括構成蛋白質的胺基酸。這些化合物開始創造出更複雜的分子，最後形成生物。英國科學家霍爾丹和歐帕林提有相同的觀點，發明出「益生湯」的說法，海洋就是炎熱、經過稀釋的化學實驗室，在其中，早期的生命成形。過了一段時間，「益生」一詞演化成「原生」。

從 1950 年代開始，進一步的實驗透露，這些益生混合物可以創造核苷酸，組成 RNA 及 DNA 的化合物 —— 這些分子能儲存我們的遺傳密碼。因此，生命在地球上如何開始，也有了新的概念。1968 年，烏斯（Carl Woese）提出「RNA 世界」理論，他認為，早期的地球有大量的 RNA，由益生化學反應產生。RNA 不光有遺傳密碼 —— 也是催化劑，加速反應速率，但本身不會改變。在古早時代，就有助於產生多種生命形式。但生命起源的理論不只這一個。

「生命存在於地球上，並不表示生命從地球上開始。」

——維克馬辛格

深海孵化器？

1979 年，科學家在太平洋中的加拉巴哥群島附近的海底發現海底熱泉。也因此發現含有魚類、甲殼類、細菌跟

西元 **1952**
科學家米勒和尤理重現原生湯，產生有機化合物

西元 **1968**
美國人烏斯提出，最早的生命形式以 RNA（核糖核酸）為基礎

西元 **2014**
國際太空站的研究證實細菌可以在太空中存活

有機體的生態環境，在沒有陽光的情況下，之前科學家認爲不適合居住，但此處的生物欣欣向榮。海底熱泉又稱「黑煙囪」，噴出的熱力和營養物能維持生命的溫床。科學家馬上也開始思索，生命是否源自這些深海熱泉，硫化鐵岩石中的縫隙變成原始生命形式的「孵化器」。我們還不知道生命是否源自海底，但已經看到海底熱泉能創造出適合生命形成的完美環境。

便車指南

要是地球上的生命並非始於地球，而是來自外太空呢？那我們都是外星人了。這個概念聽起來很像科幻小說的題材，但或許不像表面上那麼古怪。早在西元前四世紀，希臘哲學家阿那克薩哥拉（Anaxagoras）就率先提出「泛種論」的概念，宇宙原本由無數的種子組成，所有的生命都來自種子。

十八和十九世紀的科學家開始推論這些種子是否從太空中掉到地球上，還是由流星、小行星和彗星搬運過來。瑞典科學家阿瑞尼斯（Svante Arrhenius）繼續研究，在二十世紀初推論孢子這種生命形式可以在太空中存活，也可以用恆星的光壓推過太空。二十世紀晚期，知名的天文學家霍伊爾（Fred Hoyle）和維克馬辛格（Chandra Wickramasinghe）支持這個理論，他們相信微生物隨時都會進入大氣層，導致疾病爆發。

是否有證據證實，微生物能在太空嚴苛的環境下生存？2014 年，國際太空站的研究人員發現，形成孢子的細菌在地球上能承受極端的情況，也能承受太空旅行。這些堅韌的細菌有可能搭太空船的便車，到其他行星上建立殖民地。

自然選擇

有些科學家駁斥外星人和 RNA 理論，認爲地球的原生湯會繼續起反應，產生更多複雜的化合物，過了一段時間，就會產生生命。麻省理工學院的研究人員更進一步，按著數學公式和已制定的物理學發明出模

型。他們的發現指出，在海洋中或空氣中，原子周圍有「熱浴」，並由太陽等能源驅動時，就會重組結構，以便更有效散發能量。麻省理工學院的研究人員認為，這個改建的過程一定會帶來新的生命。

這個概念接近達爾文的自然選擇理論 —— 生物演化，以便在環境中更有效地生存與繁衍。科學家需要進一步研究測試，才能證實麻省理工學院在我們對無生源論的了解上是否躍進了一大步。但人類及地球上其他生命形式究竟從何而來，這個問題目前還是科學界找不到答案的重大謎團。

深熱生物圈

1990 年代，生於奧地利的科學家戈爾德（Thomas Gold）挑戰無生源論的想法，發表充滿爭議的「深熱生物圈」理論。戈爾德認為，在地球表面下有個生物圈，質量和體積都超過地表上所有生物的總和。他相信，其中的居民是嗜熱的細菌，用甲烷之類的碳氫化合物當食物（科學家已經證實，微生物可以活在地底下 5 公里的地方）。戈爾德更進一步提出（有些人覺得他走得太遠了），這些細菌實際上會產生化石燃料，因此地底下儲存了大量的石油。

提要總結
怎麼從基本化學物創造出生命

25 光合作用

植物據說是「地球的肺」，因為植物會透過光合作用這種過程製造我們呼吸的氧氣。這或許可說是地球上最重要的化學反應，也是植物和生物之間獨特的共生現象。

深吸一口氣。你剛吸進維繫生命的氧氣由綠色植物提供。現在呼吸。你呼出的二氧化碳對植物來說，重要性就像氧氣對我們一樣。光合作用是一個很複雜的過程，植物藉此創造能量。二氧化碳和水轉換成糖，同時釋放出副產品氧氣。這個化學反應確保地球上的生物能夠存活——從植物本身，到植物為食的草食動物，以及尋找吃飽飽獵物的食肉動物。

此時此刻，我們能活在地球上，都要歸功於光合作用。有了光合作用，地球上才有動物跟人類。沒有光合作用，地球可能還在原生湯裡。

光合作用的故事可以回溯數十億年前的環境劇變，科學家稱之為大氧化事件。在那之前，地球的大氣層主要是二氧化碳的煙霧，來自火山。大約三十億年前，藍細菌（又叫藍綠藻）開始透過光合作用製造氧氣；然而，氧氣多半都被鐵氧化用掉了——就是生鏽，氧氣跟岩石裡的鐵結合。大約五億年前，陸地上的植物開始生長，產生更多氧氣，大氣中累積的氧量大約有 21%，一直持續到今天都沒變。大氣中的氧氣增加，人類和動物等多細胞生物得以發展，靠著氧氣愈來愈興旺。

大事紀

西元 1774	西元 1779	西元 1796
英國化學家普利斯特里首次發表氧氣的發現	荷蘭人英格豪斯發現光線會刺激植物製造氧氣	植物學家塞內比爾證實，植物從大氣中萃取二氧化碳

太陽能

　　光合作用的過程發生在叫作葉綠體的細胞裡。植物透過根取水，從葉片背面叫作氣孔的小洞吸收二氧化碳。來自太陽的光線被叫作葉綠素的綠色素捕獲，用太陽的能量驅動兩種化學反應。暴露在陽光下時，植物把水分子分離成氫、氧和電子。進一步的反應將這些產物與二氧化碳結合，提供氧氣和碳水化合物。植物以碳水化合物中的糖爲食，透過氣孔將氧氣釋放回大氣層。光合作用的公式是：

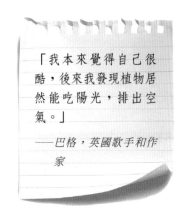

「我本來覺得自己很酷，後來我發現植物居然能吃陽光，排出空氣。」

——巴格，英國歌手和作家

$$CO_2（二氧化碳）+ H_2O（水）+ 陽光 = CH_2O（甲醛）+ O_2（氧氣）$$
$$（甲醛是碳水化合物，爲植物提供能量）$$

　　溫度是光合作用的關鍵。如果太熱或太冷，植物會停止光合作用，因此有些農民用人工光線在太陽下山後延長光合作用的時間，或用較高的光強度增強植物製造的天然食物。

　　十八世紀晚期，英國化學家普利斯特里（Joseph Priestley）透過實驗證實，植物會產生氧氣，揭開光合作用的發現過程。他把薄荷跟點燃的蠟燭放在密封的玻璃容器裡。火焰用掉所有的氧氣之後就熄滅了。然而，普利斯特里之後用穿過放大鏡的陽光重新點燃蠟燭。這表示植物產生了更多的氧氣，讓蠟燭可以燃燒。

氧氣泡泡

　　荷蘭生物學家英格豪斯被普利斯特里的實驗勾起興趣，把植物放

西元 **1804**

德索緒爾定義水在光合作用中的角色

西元 **1881**

安格曼發現光的能量在葉綠體中轉換

西元 **1956**

卡爾文發現植物用來合成糖的化學反應

英格豪斯（Jan Ingenhousz，1730～1799）

荷蘭生物學家英格豪斯也是醫生，在魯汶大學就讀醫學院。他對天花的預防接種特別有興趣，1767 年到英國赫特福德郡為 700 多人成功接種，防止疫情。他曾受邀進入哈布斯堡王朝瑪麗亞・特蕾莎女皇的宮廷，因為女皇有兩名親戚死於天花。儘管奧地利的醫學機構反對接種，英格豪斯將少量來自天花患者的病菌注入病人身上。他成功了，也成為瑪麗亞・特蕾莎女皇〔她的女兒就是不幸的瑪麗・安東妮（Marie Antoinette）〕的御用醫生。除了植物的氣體交換，英格豪斯也研究熱導和電力的過程。

在透明的容器裡，然後放進水裡，他注意到如果曬到太陽，葉片下面就會出現氣泡。如果植物放在黑暗或陰影中，氣泡就停止出現。英格豪斯發現，收集的氣體能讓蠟燭的火焰更加明亮，因為植物製造出氧氣。因此，在 1779 年，大家把發現光合作用的功勞歸給英格豪斯。

接下來的一大躍進出現在 1796 年，瑞士博物學家塞內比爾（Jean Senebier）證明，在光線的影響下，植物不只會製造氧氣，也會消耗二氧化碳。水所扮演的重要角色則於十九世紀早期浮現，瑞士化學家德索緒爾（Nicolas de Saussure）觀察到，植物從二氧化碳吸收的碳不會用於植物的生長。他推論，增加的重量來自植物根部從土壤吸收的水分。光合作用背後神祕的化學過程愈來愈清楚了。

德國植物學家安格曼（Theodor Engelmann）在 1881 年做了幾項實驗，發現太陽能會在葉綠體中轉換成化學能量，只有陽光紅色和藍色元素會激發這些反應。「光合作用」（photosynthesis）一詞於 1893 年由美國植物學家巴恩斯（Charles Barnes）發明，他也提出另一個英文詞「photosyntax」。巴恩斯偏好「photosyntax」，但目前比較常見的用法是「photosynthesis」。

放射性追蹤

二十世紀的核物理學發展也讓研究人員能追蹤光合作用的路徑及關鍵元素的處理。1941 年，美國科學家魯本（Samuel Ruben）和卡門（Martin Kamen）用放射性同位素追蹤氧氣在植物裡的移動。他們證實光合作用產生的氧氣來自植物根部吸收的水分。

1956 年，美國化學家卡爾文（Melvin Calvin）跟研究小組用放射性碳同位素追蹤植物中的碳路徑，帶來極大的突破。他們找出植物用來將二氧化碳和其他化合物轉換成糖的化學反應。這些過程集合稱為卡爾文循環。調查過程到此進入尾聲，定義植物中最重要的化學反應，卡爾文也在 1961 年獲頒諾貝爾化學獎。

毀滅雨林

熱帶雨林是光合作用的大工廠，僅覆蓋地球表面的 6%，但濃密樹蔭製造的氧氣至少占地球上的 20%，大量的碳儲存在此處的植物裡。要維護脆弱的生態循環，雨林的角色很重要，也會影響全球降雨量及氣候模式。焚燒或砍伐雨林的植物，導致植物腐爛，釋放出二氧化碳——但將二氧化碳鎖在活著的植物裡，可以對抗氣候變化。目前雨林的毀滅速度約莫為一天 8 萬英畝——想想看，標準的足球場只比一英畝大一點。

提要總結
綠色植物是地球的生命力

26 細胞

細胞是生命的基本部件。人體有幾百萬兆個細胞，但在受孕時，每個人都來自單一個細胞，也就是受精卵。細胞是最小的生物單位，能自我複製，植物、人類和動物中自我複製的速度都非常快。

細胞的原文「cell」衍生自拉丁文的「cella」，意思是小房間，這些小小的房間為活動提供動力，是所有生物的基本單位。細胞的功能五花八門，從繁衍和生長到能量製造與恆定性（調節親代生物的條件，例如溫度、血壓等等）。但是細胞很小——一萬個人類細胞只有針尖大小。每個細胞都可以看成與外隔絕的容器，產生自己的能量及自我複製。人類每分鐘會流失九千六百萬個細胞，但等量的細胞會同時分裂來取代它們。細胞一直在跟周圍的細胞溝通，一群群類似的細胞會結合在一起，構成組織和重要的器官。

細胞的發現

早期的顯微鏡學發展讓科學家在 1665 年發現細胞。英國科學家虎克透過顯微鏡觀察軟木片，注意到形狀不規則的微小孢子構成的蜂巢組織。虎克其實看到的是細胞壁。盒狀結構讓他想到修道士的監舍，因此他用「單人小房間」來稱呼細胞。過了一個世紀，科學家開始辯論細胞的本質。「細胞理論」應運而生，1839 年由德國生物學家許萊登（Matthias Jakob Schleiden）和許旺（Theodor Schwann）提出。關鍵

大事紀

西元 1665	西元 1670～1680	西元 1831
虎克用原始的顯微鏡觀看軟木片，發現細胞	雷文霍克（Van Leeuwenhoek）用顯微鏡觀察單細胞生物	生物學家布朗（Robert Brown）研究蘭花時發現細胞核

特質是，細胞是生命的基本單位，所有的生物都由一個或多個細胞組成，細胞也能自我取代。

原核細胞與真核細胞

　　細胞主要有兩種類型。真核細胞最為複雜，組成多細胞生物的架構，例如人類和植物。原核細胞則是比較簡單的形式，沒有細胞核——DNA 在真核細胞裡。原核細胞 DNA 會在叫作類核體的內部空間裡自由漂流，沒有外層的細胞膜。所有的原核生物都是單細胞，包括細菌和古菌，是地球上最早出現的生物。如果你不幸得了沙門氏菌或鏈球菌性喉炎，體內就有原核生物入侵。多細胞生物由真核細胞構成。然而，一些單細胞生物，例如變形蟲，也是真核生物，因為它們有細胞核，外層有細胞膜。單細胞的真核生物也稱為原生生物。

「人體是個社區，裡面有無數的居民，就是細胞。」
——愛迪生

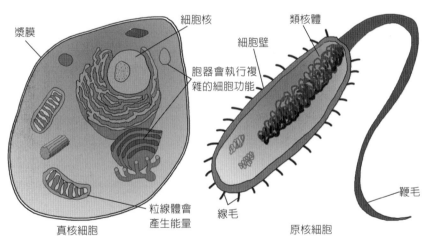

真核細胞（左圖）有細胞核，而原核細胞（右圖）的 DNA 浮在類核體裡。

漿膜

細胞核

類核體

細胞壁

胞器會執行複雜的細胞功能

鞭毛

線毛

粒線體會產生能量

真核細胞

原核細胞

西元 1839
許萊登和許旺制定細胞理論

西元 1855
魏修（Rudolf Virchow）提議，所有的細胞都來自之前存在過的細胞

西元 1857
馮科立克（Albert von Kölliker）在肌肉組織裡發現能產生能量的粒線體

生殖細胞

參與有性生殖的細胞叫配子（男性的精子和女性的卵子）。配子跟體內其他的細胞有好幾種差異。在人體內，構成身體的細胞大多是二倍體細胞——細胞內有每個染色體的兩個副本。配子是單倍體，表示只有染色體的一個副本。精子跟卵子結合後，單倍體配子融合形成二倍體合子，下一代的第一個細胞。

配子透過「減數分裂」形成，這是一種特別的分裂形式，細胞經過兩次分裂，以產生四個新細胞，而不是兩個。減數分裂會出現在負責繁殖的眞核細胞與原核細胞裡，創造出孢子和花粉，以及動物的配子。

眞核細胞包含好幾個構成要素，叫作「胞器」。粒線體會控制細胞的新陳代謝過程，形成三磷酸腺苷，從營養物產生能量。核糖體是球型結構，連結一串串胺基酸在細胞內建造蛋白質。很多人說高基氏體像個迷宮：功能包括調整蛋白質和脂質，然後送到該去的目的地。溶體和囊泡之類的細胞腔含有酵素，能驅動特定的化學過程。所有的胞器都浮在細胞質裡，這是細胞內的水狀液體，細胞的外層漿膜則固定胞器的位置。同時，細胞骨架則決定細胞的結構和形狀。

細胞核是眞核細胞的控制中心，含有染色體，遺傳密碼則存在 DNA 裡。細胞執行功能需要的資訊都放在 DNA 裡，可能是對抗感染的白血球細胞，也可能是透過葉綠體吸收陽光的植物細胞（見第 100 頁）。細胞核周圍有所謂的「核膜」，膜上的孔洞很多，讓蛋白質和 RNA 可以自由通過，傳遞化學訊息。

預期壽命

細胞的壽命各有不同。比方說，在胃部酸度很高的表面上，細胞每五天就會循環一次，而肝臟細胞則能存活三百天到五百天，人類骨骼每十年更新一次。細菌感染、缺氧和中毒，都會殺死細胞。細胞可以設定為死於細胞凋亡這個過程，其實比較有利於健康和發展。舉例來說，人類胚胎的手指頭和腳趾頭之間的蹼都死於細胞凋亡，才能讓指頭正常發展。

生物的細胞分裂是生長、維護和修復的重要過程。細胞分裂的方式取決於細胞的種類。原核細胞會經過「二分裂」，細胞分爲兩個，創造

出新的「子細胞」。細胞中心捲得緊緊的 DNA 會展開，形成兩個副本。DNA 串被拉向細胞的兩頭，拉開細胞膜，直到細胞分裂形成兩個新的原核細胞，跟親代細胞一模一樣。

　　眞核分裂的過程叫作有絲分裂。雙股螺旋DNA沿著長邊「展開」，兩半上的核苷酸鹼基跟其他鹼基結合，創造出兩個一模一樣的副本。然後開始細胞質分裂，細胞核分成兩半，形成兩個新的細胞核，各有一個新 DNA

染色體

位於眞核細胞核內的線狀結構含有 DNA，把遺傳密碼從親代傳給子代。DNA 螺旋都緊緊包著叫作組織蛋白的蛋白質。沒有組織蛋白的話，DNA 就太長，無法裝入細胞核。如果將一個人類細胞裡的所有 DNA 分子鬆開拉長，長度會超過 1.8 公尺。

人類有 22 種特殊的染色體，人體內每個細胞都有兩份副本，加上一對性染色體，決定我們是男是女。我們的基因組成就在這些成對的染色體裡，包括異常現象。比方說，紅綠色盲在第二十三對染色體上，由母親傳給兒子，早發性阿茲海默症則由第一對、第十四對和第二十一對染色體的基因突變造成。

串。細胞的其餘部分分裂成兩個新的眞核細胞，從開始到結束要一個多小時。人體裡的細胞不斷分裂；然而，在早晨會增加三倍，因此一夜好眠非常重要。

提要總結
所有生物的結構單元

27 病菌說

過去一百五十年來，因為巴斯德（Louis Pasteur）發現病菌說，拯救了幾百萬條人命。他證明藉空氣傳播的微生物會導致疾病，這項發現在醫療領域帶來挽救生命的發展，使用消毒劑和食物的巴斯德殺菌法來殺死危險的細菌。

在十六世紀，醫生間開始有了病菌說。在那之前，霍亂和黑死病等疾病據信都由「瘴氣」引起──瘴氣是有毒的空氣，含有腐物的碎屑，會感染接近的人。早期的醫生也相信疾病自然發生，跳蚤或蛆等生物會從灰塵或腐肉等無機質形成。1668年，義大利醫生雷迪（Francesco Redi）測試這個理論。他把肉放在三個同樣的罐子裡，一個打開，一個密封，最後一個則用紗布蓋住。過了一段時間，雷迪觀察到在開著的罐子裡，肉已經蓋滿了蛆；在用紗布蓋住的罐子裡，蛆只出現在紗布的表面，密封罐裡則完全沒有蛆。雷迪率先撒下懷疑的種子，讓大家質疑自然發生論。

十七世紀時的顯微鏡發展，疾病真正的起因也浮現了。荷蘭科學家雷文霍克（Antonie van Leeuwenhoek）第一個觀察到池塘水裡的單細胞和多細胞微生物。後來，科學家也推論，疾病可能由只能在顯微鏡下能看到的蟲子和毒昆蟲引起。

病菌說的重大突破出現在十九世紀，當時科學家已經明白細胞的本質，以及細胞如何分裂。如果疾病由生物引起，細胞分裂的過程或許能

大事紀

西元 1546	西元 1668	西元 1676
醫生法蘭卡斯特羅（Girolamo Fracastoro）認為空氣中的孢子會引發傳染病	雷迪反對疾病的「自然發生」理論	雷文霍克透過顯微鏡觀察到活體細胞

解釋這些生物怎麼生長、繁盛和殖民，導致傳染病。1850年代，倫敦骯髒擁擠的街道上爆發了霍亂，從此或許能看出端倪。蘇活區的霍亂爆發後，醫生斯諾發現疾病的源頭是靠近寬街附近的公共抽水機泵浦。他說服議會取走泵浦的把手，病例就變少了。我們現在知道霍亂是因為飲用水被廢水污染而引起。

「各位，最終的發言權屬於微生物。」
——巴斯德

巴斯德的突破

偉大的法國化學家巴斯德證實微生物會導致疾病，推翻自然發生的古老概念。巴斯德研究液體培養基裡的發酵，做法跟雷迪很像。他把肉、糖和水放在兩個不同的燒瓶裡，一個頸部是直的，另一個則是彎的。他把混合物煮沸，然後消毒，暴露在空氣中。直頸燒瓶裡的液體因為發酵變得不透明，滿是微生物。彎頸燒瓶裡的液體則保持清澈。

巴斯德做出結論，空氣中的細菌可能直接掉進直頸燒瓶裡，污染了內容物。進去另一個燒瓶的細菌則留在彎頸裡，所以液體保持清澈。如果疾病會「自然發生」，兩個燒瓶裡的液體應該都會發酵。他又做了一次實驗，用濾紙困住粒子，液體仍保持清澈。空氣中的微生物一定會進入打開的燒瓶，造成污染。他的結論很清楚，也具有歷史性：微生物會造成傳染。微生物可以透過空氣、實際接觸或遭到污染的食物和水來傳播。1864年，大家接納病菌說是健全的科學原理。

巴斯德的發現激勵了其他科學家和醫生，他們將革新外科手術和疾病的治療。英國醫生李斯特（Joseph Lister）讀到他的發現，用在醫療上。即使在1860年代，醫生在進入手術室或檢查病人前，仍不需洗手（見第110頁的說明框）。很多病人手術成功，但術後卻遭到感染。從

西元 1830
細胞理論讓我們更了解生物如何存活與傳播

西元 1864
巴斯德證實微生物會導致感染，創造歷史

西元 1867
李斯特提倡將抗菌劑用於藥物，來對抗細菌

母親的救星

塞默維斯（Ignaz Semmelweis, 1818～1865）是德裔匈牙利人，他是醫生，在維也納綜合醫院的婦產科工作。1847 年，該單位有兩個門診：一個有醫生，一個有助產士。塞默維斯發現在醫生門診生產的母親比較容易死於產褥熱，人數超過助產士的門診。

塞默維斯發現，醫生跟助產士不一樣，他們會解剖屍體，把「屍體顆粒」傳給產婦。他指示醫生要在漂白水溶液裡洗手，然後才能去產房，不到一個月，產褥熱死亡率從 18% 降到 2%。很可惜，同時代的人嘲弄塞默維斯對潔淨的信念。等他去世後，巴斯德和李斯特的發現才還他清白。

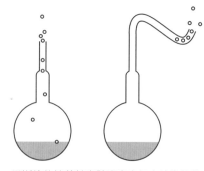

巴斯德的培養基實驗證實空氣中的微生物會感染食物。左邊燒瓶裡的液體被污染了，右邊的則保持清澈，因為燒瓶的曲頸把細菌留在空氣裡。

1867 年開始，李斯特開始用石碳酸來消毒傷口、手術設備和包紮用品。感染意外大幅下降，壞疽也變少。李斯特也指導外科醫生用石碳酸溶液洗手，等同於今日的「刷手」。

神奇子彈

　　現在找到了疾病的起因，科學家把注意力轉移到識別特定的細菌，找出能毀滅它們的化學物。在 1870 年代，普魯士醫生柯霍（Robert Koch）跟他的團隊發明出把細菌染色的方法，以便更容易用顯微鏡識別。這些先驅發現細菌會導致炭疽病、霍亂與結核病。柯霍的方法也為其他科學家開啟大門，找出導致破傷風、恙蟲病和瘟疫的病菌。他的同事埃利希（Paul Ehrlich）則想找一種化學物，能把特定的菌株染色，並殺死細菌，但不會對身體其餘部分造成傷害。測試幾百次後，埃利希跟團隊找到第一顆神奇子彈，砷凡納明。這會毀滅導致梅毒的細菌，後來上市的藥物叫作 Salvarsan。很重要的是，埃利希認為治病要治根，而不是治症狀。

　　病菌說發現後，食品衛生跟著進步，巴斯德殺菌法出現，也有抗生素藥物。這些人的先驅工作拯救數百萬條性命，他們相信病菌說，但當時仍有人抱持懷疑的態度。這些人也成為科學歷史上的偉人。

巴斯德殺菌法

巴斯德率先用熱處理牛奶和食物，殺死有害的細菌。生乳可能含有危險的細菌，例如大腸桿菌、沙門氏菌、布氏桿菌和曲狀桿菌。在巴斯德殺菌法出現前，牛奶要從農場送到城裡，在途中受到污染，每年造成幾千人死亡。

巴斯德把牛奶加熱至 60～100℃之間，殺死大多數有害的生物。巴斯德也研究了葡萄酒污染，發現也是細菌搞的鬼。目前葡萄酒界很少使用巴斯德殺菌法，因為會影響熟化過程，但日常購買的食物有不少可以安全存放幾個星期，甚至幾個月，都要感謝巴斯德革命性的熱處理技巧。

提要總結
空氣傳播的微生物會
導致許多致命的疾病

28 病毒

病毒是很小的粒子，比細菌小很多，可能造成致命的疫情。1898 年，荷蘭微生物學家貝傑林克（Martinus Beijerinck）發現病毒，之後醫學界用接種根絕地球上幾種最具破壞性的病毒性疾病。病毒現在也能用來治療癌症。

我們都知道常見的感冒病毒會讓人有多慘——流鼻水、喉嚨痛、不時打噴嚏打到別人對你翻白眼。很多人只是得了感冒，卻抱怨他們得了流感，頗令人困擾：流感也由病毒引起，但致命性遠超過感冒病毒。1918 年，西班牙流感爆發，在全球各地造成約五千萬人死亡，超過第一次世界大戰死亡人數的兩倍。到了今天，對高齡人士和免疫系統不佳的人而言，流感仍是高度危險的病症。病毒也會導致伊波拉、禽流感、H1N1 新型流感、水痘和 SARS（嚴重急性呼吸道症候群）。科學界已經發展出幾種致命病毒疾病的疫苗，例如小兒麻痺和天花，首要之務仍是找出其餘疾病的療法。

病毒結構

病毒在自然界占有獨特的地位。尺寸極小，大概是細菌的五十分之一，不能用標準的顯微鏡觀看。我們無法把病毒歸類為生物，因為病毒無法獨立繁衍，要找到宿主才能脫離惰性狀態。它們的機能基本上跟寄生蟲一樣。

病毒傳播有幾種方法。HIV（人類免疫缺陷病毒）的傳播方式有性

西元 1796	西元 1864	西元 1885
金納（Edward Jenner）幫一名小孩注射天花疫苗，開啟預防注射的風潮	巴斯德發現空氣中的病毒會導致致命的疾病	巴斯德用新的疫苗，成功治療狂犬病患者

接觸，以及接觸到受感染的血液。流感透過咳嗽和打噴嚏推進通過工作場所、大眾運輸和學校。在腸胃道引發躁亂的諾羅病毒可以透過受感染的血液或接觸患者來傳播。會影響植物的病毒通常透過昆蟲傳播。

　　病毒的結構非常簡單。它們的遺傳密碼 DNA 或 RNA 包在蛋白質膜裡。病毒會劫持宿主細胞，用細胞的複製機制創造出新的病毒粒子，暗地裡傳播。病毒碰到宿主細胞時，會刺穿細胞壁，分解外層，插入自己的遺傳密碼。病毒碼會複製到細胞裡，包在胺基酸形成的蛋白質膜裡。過程完成後，細胞爆開死亡，新的病毒粒子就會去感染鄰近的細胞。

「在科學家抵抗過的病原體裡，引起愛滋病的病毒最為棘手。」
——巴克利（Seth Berkley）

病毒的發現

　　1860 年，巴斯德的病菌說是一項偉大的發現（見第 108 頁），之後，科學家開始觀察其他形式的傳染媒介物。在 1890 年代，俄羅斯植物學家伊凡諾夫斯基（Dmitry Ivanovsky）研究一種奇怪的疾病，會導致菸草作物大量損傷。他從受感染的葉片擠出汁液，用錢柏蘭濾器過濾〔由巴斯德的同事錢柏蘭（Charles Chamberland）發明〕。濾器的空洞比已知的細菌都小，但在過濾後草汁仍呈現感染狀態。

　　1898 年，荷蘭微生物學家貝傑林克檢驗伊凡諾夫斯基的實驗，推論出菸草被新的傳染媒介物攻擊。他稱之為「病毒」——這個詞已經通用幾百年，衍生自

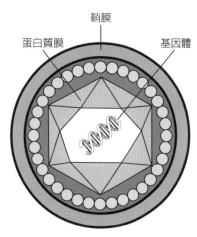

病毒是簡單的例子，含有包在「蛋白質膜」的遺傳物質（基因體）。

西元 **1892**　伊凡諾夫斯基觀察到傳輸傳染病的粒子比細菌更小

西元 **1898**　貝傑林克發現「新的」傳染媒介物，稱之為病毒

西元 **1931**　電子顯微鏡發明後，科學家第一次看到病毒的外貌

發現天花疫苗

讓天花從地球上消失，是醫學史上的一大成就。天花的起因是天花病毒，數百年來造成的死亡人數超過其他傳染病的總和。在十八世紀，很多人知道牛奶廠工人不會得天花（他們會接觸到牛痘這種傳染病，發展出能抵抗天花跟牛痘的抗體）。1796 年，英國醫生金納（Edward Jenner）在園丁八歲的兒子詹姆斯身上測試這個理論，他從來沒得過天花。金納用取自牛痘傷口的物質幫詹姆斯接種。他病了幾天，後來就復原了。然後金納用天花物質幫詹姆斯接種，重點是，詹姆斯並沒有出現天花的症狀。不到 1980 年，透過疫苗接種，天花就從地球上消失了。

拉丁文的毒藥。影響植物的疾病後來發現是菸草鑲嵌病毒。1931 年，魯斯卡（Ernst Ruska）和克諾爾（Max Knoll）發明電子顯微鏡，科學家終於能看到病毒，目擊它們致命的過程。接下來的幾十年內，又發現了幾千種病毒。

免疫

人體會發展出抗體，認出入侵物蛋白質膜的蛋白質模式，保護身體不受病毒入侵。抗體會消滅或吃掉病毒。疫苗會刺激身體產生目標明確的抗體。注射死掉或變弱的病毒，我們的免疫系統會製造出有特定抗體的白血球，殺死病原體。小孩子通常要接種小兒麻痺、麻疹、腮腺炎和德國麻疹等病毒性疾病的疫苗。常見的感冒仍無法免疫，因為引發感冒的病毒會快速變形。有些病毒會一直變形，改變蛋白質膜的形式，抗體很難辨認。

預防勝於治療，但如果某人染上了病毒，又會開啟另一條攻擊線。抗病毒藥物可以治療幾種疾病，包括皰疹、B 和 C 型肝炎，以及 A 型和 B 型流感。這些藥物能讓病毒無法複製自己的遺傳密碼，限制疾病傳播，拖延時間讓身體的免疫系統有反擊的機會。

病毒療法與癌症

病毒可能造成某些癌症——然而，經過基因改造的病毒在新的癌症療法裡扮演關鍵的角色。2015 年，一份全球研究發現，皰疹病毒的某個形式可以經過改造，殺死皮膚癌細胞。這種病毒叫作 T-VEC，引入到有病的細胞上，複製後導致細胞爆開。也會刺激免疫系統攻擊和消滅腫瘤。健康細胞會偵測到 T-VEC 並在它造成損害前加以消滅，癌細胞已經受損，所以識別不出這種病毒。

第三期和第四期早期黑色素瘤的患者用 T-VEC 治療後，平均能活 41 個月，而接受目前免疫療法的病人只能存活一半的時間。T-VEC 是一大躍進，能取代放射性療法、化學療法和外科手術。在流感、愛滋病和天花造成大量死亡後，發現並非所有的病毒都是我們的敵人，確實令人欣慰。

對抗伊波拉

2014～2015 年，西非爆發的伊波拉病毒感染人數高達兩萬七千五百人，造成至少一萬一千人死亡。據信大翼手亞目的果蝠是病毒的天然宿主，透過接觸帶原者的血液、器官或體液進入人體。大猩猩、豪豬和羚羊也帶有伊波拉。吃這些動物和其他種類的野味，或許就是傳染給人類的方法。

1976 年，這種病第一次出現在薩伊（現在的剛果民主共和國），從靠近伊波拉河的村莊裡爆發。病毒透過接觸體液以及受污染的床單和衣物散播。幸好 2015 年初步測試 VSV-EBOV 疫苗時，結果就相當不錯。

提要總結
小小的寄生物會導致感染，藉由變形來存活

29 基因

儘管 DNA 在 1869 年發現，但到了二十世紀中期我們才明白 DNA 帶有基因。地球上的每種生物在創造時，都需要基因裡的資訊。一位奧地利修士用豌豆做實驗，揭露 DNA 的功能。

基因遺傳指的是特質從親代透過「基因」傳給子代，資訊單位的密碼寫在細胞核裡的 DNA 分子上。從小狗到大麗花到人類，自然界的生物都有這個現象。DNA 串含有基因序列，登錄在化學鹼基上。在生物的細胞裡，DNA 會創造資料庫，儲存所有複製該生物需要的資訊。我們體內每個細胞都有這個資料庫的副本。大多數基因會記錄需要的資訊來製造蛋白質，而蛋白質就是複雜生物的重要構件。

孟德爾式特徵

我們對基因遺傳的了解，幾乎全歸功於孟德爾（Gregor Mendel）這位奧地利修士。在學生時代，孟德爾跟隨恩格研究植物的結構和生理學，恩格是植物學家，大力支持細胞理論（見第 104 頁）。孟德爾加入了位於布爾諾（在今日的捷克共和國）的聖湯瑪斯修道院。1854 年，他開始長達七年的嚴謹研究，主題是豌豆的雜交，記下高度、花色和種子形狀等特質。

一開始，孟德爾確保他用「純種」、同一種植物，用自花授粉或異花授粉培育了兩年。他的基線做得非常好。兩種豌豆長大，開紫花或白

大事紀

西元 1865
孟德爾公開他的發現，生物把特徵從親代傳給子代

西元 1869
米歇爾研究白血球的細胞核，發現 DNA

西元 1909
約翰森發明「基因」一詞，來自希臘文的 genos，意思是給予生命

花。在後續的一次實驗中，孟德爾用紫花豌豆跟白花豌豆雜交。第一代的花都是紫色，而不是混合的淡紫色。孟德爾讓第一代自花授粉，出現耐人尋味的結果。有些子代開了白花。

孟德爾推論，每種植物都有兩份特質的資訊，來自雌雄的親代，但只有一種純粹的特質能實際表現出來——絕不會是兩者混合。這後來稱爲分離律。爲解釋花朵的顏色差異，孟德爾推論某

紅髮基因

如果家裡出現紅頭髮的人，而父母不是黑髮就是金髮，感覺很矛盾。紅髮不常見，因爲紅髮來自基因 MC1R 的隱性形式，位於第十六對染色體。小孩必須從雙親各接收一份這個隱性基因的副本，才會有紅頭髮（假設這個隱性基因是 r，顯性的「非紅髮」基因則是 R）。

如果雙親都沒有紅頭髮，但各自帶有隱性基因（Rr），小孩是紅髮的機率爲 25%。假設母親是紅髮（rr），父親不是，但帶有基因（Rr），機率提高到 50%。如果父母都是紅髮（rr），所有的小孩也都會有紅髮，成爲紅髮家族。

些特質是「顯性」（紫色的花），其他的則是隱性（白色的花）。如果兩個親代都傳遞隱性因子，產生的植物就會有隱性的特質——因此出現白花。孟德爾計算每一代的白花和紫花植物數目。比例是 3：1，紫色是顯性的顏色。

孟德爾把遺傳特質稱爲「因子」，就是現在的基因。在豌豆的實驗中，一個基因造成的特質，叫作孟德爾式特徵。科學證實基因遺傳可能還要複雜得多——然而，孟德爾證明了兩個主要因素：特徵如何從親代傳給子代，以及物種如何出現自然變異。

DNA 帶有基因

孟德爾公開他的發現，但跟很多創新人士一樣，他在世的時間並未得到讚譽。同時，在 1869 年，瑞士生物學家米歇爾（Friedrich

西元 1911	西元 1928	西元 1944
摩根發現性染色體帶有特徵	格里夫茲觀察到特質可以在細胞間傳遞	艾弗里跟團隊成員證明 DNA 帶有基因

「我們是生存機器——盲目設定的機器人載具，為了保存自私的分子，也就是基因。」

——道金斯（Richard Dawkins）

Miescher）研究膿裡面的白血球的細胞核，第一個分離出 DNA。二十世紀的科學家做了一連串實驗，證實 DNA 與基因的重大關聯。

1909 年，荷蘭植物學家約翰森（Wilhelm Johannsen）首次使用「基因」的說法，這個詞來自希臘文的 genos，意思是給予生命。然而，基因從親代傳給子代的確切機制仍未解開。1928 年，英國微生物學家格里夫茲（Frederick Griffith）將兩串肺炎病毒注射到實驗室的老鼠體內——一種會致命，一種不會。正如預期，注射致命病毒的老鼠死了，另一種則活下來。格里夫茲殺死致命病毒，用死掉的病毒注射老鼠，結果老鼠沒死。然而，實驗結果卻出現驚人的逆轉，格里夫茲同時為老鼠注射殺死的致命病毒，跟活著的非致命病毒。老鼠死了，格里夫茲推論，有些東西從死掉的致命病毒傳到活著的非致命病毒上。怎麼會呢？

1944 年，美國科學家艾弗里（Oswald Avery）、麥克勞德（Colin MacLeod）和麥卡蒂（Maclyn McCarty）在劃時代的實驗中揭開這個謎團。科學家一直覺得蛋白質會把基因從一種生命形式傳給另一種，艾弗里等人用酵素消滅肺炎病毒裡的蛋白質，來測試這個想法。老鼠依舊死了，表示蛋白質不是死因。但會消化 DNA 的酵素引進到致命病毒上，老鼠就不會死。因此，艾弗里發現 DNA 是在兩組病毒細胞中傳遞訊息的分子。後來，另一個團隊的實驗用放射性追蹤原子提供更進一步的證據，證實 DNA 帶有基因。1945 年，艾弗里得到倫敦皇家學會頒發的科普利獎章，但不知道為什麼沒得到諾貝爾獎。

建立 DNA 和基因之間的連結後，帶動表觀遺傳學的發展，這門學科研究在我們一生中的遺傳密碼如何因為環境和生活習慣等因素而改變。基因治療應運而生，這種實驗性技術涉及修改病患的基因，來治療癌症、帕金森氏症、糖尿病和愛滋病等疾病。

來聊聊性別

思想先進的美國遺傳學家摩根（Thomas Hunt Morgan）創造了歷史，證實基因在一連串染色體裡連在一起，也是遺傳特質的起源。1907 年，他開始研究果蠅，他在哥倫比亞大學的實驗室叫作「蒼蠅房」。在許多次實驗後，摩根發現雄性果蠅可能生來會有白色眼睛（而不是常見的亮紅色）。他雜交白眼睛的雄性和紅眼睛的雌性，子代全都是紅眼睛。到了在下一代又有白眼睛，但只出現在雄性果蠅。摩根發現有些特質跟性別有關，相關的基因或許在性染色體上。遺傳學的新時代從此展開。摩根在 1933 年贏得諾貝爾獎。

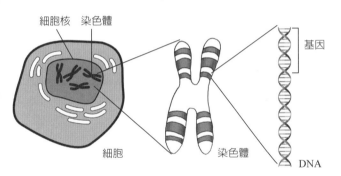

細胞核　染色體

細胞核含有組成 DNA 的染色體，上面有我們的基因。

基因

細胞

染色體

DNA

提要總結
基因帶有生命的資訊密碼

30 演化

達爾文（Charles Darwin）的南美洲海岸遊充滿傳奇性，也為演化理論奠定了基礎。在達爾文出生時，大多數人相信上帝創造地球跟萬事萬物。演化是達爾文一生的成就，他對科學還有許多其他傑出的貢獻。

在十八世紀，博物學家開始質疑，生命是否自創造以來就固定不變。法國博物學家居維葉（Georges Cuvier）是古生物學的先驅，為滅絕的物種提供實體證據，也把自然世界描繪為不斷變化的環境。達爾文的祖父伊拉斯謨斯·達爾文（Erasmus Darwin）認為生命演化自共同的祖先，但說不上來一個物種怎麼會衍生另一個物種。

十九世紀早期，法國植物學家拉馬克提出偉大的演化理論。他相信如果生物在活著的時候利用自己的特質，這項特質就會變大變強，傳給下一代（比方說，如果你常運動，子女就會一身肌肉！）。拉馬克主義的某些想法現在因著表觀遺傳學（基因如何靠著外在影響變成顯性或隱性）而再度浮現。然而，拉馬克主義不足以造成自然界觀察到的變化程度，當時遭到許多人嘲罵。

1859 年，達爾文發表充滿爭議的大作《物種起源》。這本書定義他的演化理論，演化指生物為了生存而適應環境。也解釋隨著時間過去，生物的演化會明顯到能促使全新的物種出現。

大事紀

西元 1794	西元 1796	西元 1801
伊拉斯謨斯·達爾文認為所有的生物都衍生自同樣的祖先	古生物學的先驅居維葉發表有關絕種的重大理論	拉馬克提出，環境會影響特質和遺傳

發現之旅

　　1831 年，達爾文受邀登上小獵犬號，到南美海岸進行調查。艦長費茲羅伊有先見之明，發現船上有位博物學家的話很有幫助。那時，達爾文二十二歲，在劍橋大學唸書，是位熱誠的業餘博物學家。他欣然接受邀請，小獵犬號於 12 月 27 日從普利茅斯港出發，開始五年的航行。

> 「我個人覺得，了解演化後，我變成無神論者。」
> ——道金斯

　　在途中，達爾文對收集化石產生濃烈的興趣，迷上那些看似熟悉、卻跟現代物種不一樣的殘骸。比方說，他在阿根廷找到生物的骨骼，很像馬，臉跟食蟻獸一樣長長的。這位年輕的博物學家沉思，這些古怪的生物為何消失，想挖掘物種的穩定性。過了一段時間就會變嗎？1836 年，達爾文回到英國，收集了五千多種鳥類、哺乳類、化石和骨骼的樣本。他成為地質學家，接下來的二十年內制定出劃時代的理論。

來四隻芬雀

　　達爾文的芬雀研究，解開演化的一個主要概念。他前往位於厄瓜多西岸的加拉巴哥群島，觀察四個島上的芬雀。回到英國後，他繼續研究，注意到所有的鳥兒基本上很像，但喙的形狀不一樣。島與島之間的距離很遠，表示芬雀不能雜交。

　　芬雀以仙人掌為食，達爾文發現牠們的喙按著進食的方法變化。長喙芬雀能在葉子上插洞，食用肥美的漿汁，喙比較短的芬雀能撕裂仙人掌堅硬的底部，也可以咽下昆蟲。達爾文說，「就像某個物種經過改造，適應不同的目的。」後來證實，這些芬雀分屬不同種。

西元 1859
達爾文發表自然選擇的理論，寫下歷史

西元 1865
孟德爾的豌豆實驗證實基因遺傳

西元 1944
科學家證實 DNA 是傳遞遺傳資訊的媒介

超級病毒

MRSA（抗甲氧苯青黴素金黃色葡萄球菌）是一種耐抗生素的病毒，這種病毒的興起是自然選擇的黑暗面。MRSA 的變異性驚人，也變成問題：一個金黃色葡萄球菌能分裂，一夜之間創造出三百個變種，因此能快速適應抗生素的威脅。事實上，過度使用抗生素，產生選擇壓力，讓這些病毒更有優勢，所以才能興盛。除了染色體 DNA，MRSA 含有叫作質體的 DNA 擾亂元素，其基因製造的毒素會綁住抗生素，抑制抗生素的作用。質體可以在不同的病毒串之間透過「水平基因轉移」來交換，進一步散播抗生素抗藥性。

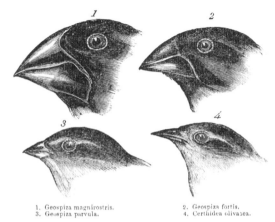

1. Geospiza magnirostris. 2. Geospiza fortis.
3. Geospiza parvula. 4. Certhidea olivaıea.

在加拉巴哥群島，芬雀不同形狀的喙幫助達爾文擬定他的自然選擇理論。

自然選擇

達爾文思索鳥喙的變化怎麼出現，想到「演變」的理論。達爾文不同意拉馬克的幾個想法，但親代將優勢傳給子代的想法吸引了他的好奇心。他詢問觀賞鴿和觀賞犬的飼主，發現他們透過配種來強化細微的變化。

達爾文最主要發現到，特定物種的生物會競爭稀少的食物和資源。從親代傳給子代的特徵增強競爭、生存和繁殖的能力，因此優勢特徵會傳播給整個群體，隨著時間過去而轉化。達爾文說這種機制「用自然選擇來演化」：我們現在知道特徵的變化來自 DNA 的隨機變異。

《物種起源》在 1859 年出版，大受歡迎。當然，這本書也引起了宗教團體的爭論——達爾文早就想到了，他評論相信自然選擇就像「坦承犯下謀殺」。科學界的反應一開始也正反都有，但最後其他博物學家和科學家的研究提供令人信服的證據，親代會把遺傳密碼傳給子代，例如孟德爾後來才得到注意的豌豆實驗（見第 116 頁）。到了二十世紀中期，達爾文的發現為現代演化研究奠定基礎。

在我們周圍有無數自然選擇的例子。現代研究顯示，加拉巴哥群島的芬雀會反應天氣變化，以及可吃的食物。在乾旱過後，某些物種會發展出更厚更硬的喙，才能撕開更硬的種子。達爾文的芬雀持續提供證據，在他死後仍能證實這套傳奇性的理論占有主導地位，通常也叫作「適者生存」。

達爾文（1809～1882）

達爾文生於英國的斯洛浦郡，家庭十分富裕，從小就熱愛探索自然。父親把他送到愛丁堡大學讀醫學院，但他很討厭看到血，唸兩年就輟學了。

他的父親決定他要當神職人員，達爾文進入劍橋大學的基督學院就讀，閒暇時間多半在研究自然，以及騎馬、射擊和飲酒。

搭乘小獵犬號遊歷五年後，達爾文變得更認真。他來往的知識分子包括發明家巴貝奇（Charles Babbage）、地質學家萊爾（Charles Lyell）和生物學家赫胥黎（Thomas Huxley）。達爾文娶了表親艾瑪，岳父是陶器大王瑋緻活（Josiah Wedgwood）。他們生了十個小孩，定居在肯特郡。達爾文在 1882 年 4 月去世，下葬在西敏寺。

提要總結
生物會適應環境

31 源出非洲

要說所有的人類都有同樣的祖先，他們二十萬年前住在非洲，實在很令人詫異。達爾文在 1871 年，率先提出人類演化的「源出非洲」理論，考古學家找到的化石，以及我們對人類 DNA 的理解進步後，都支持這個觀點。

達爾文在巨作《物種起源》裡說，「人類的起源和歷史終將被照亮」，提到未來會浮現的證據，令人好奇心大增。他說自然界找到的物種並非永遠不變，會透過自然選擇的過程演化，已經顛覆了傳統的智慧。同樣的想法，為何不能擴展到人身上？

在達爾文之前，有些人類學家相信人類有好幾種起源，世界各地出現了不同的種族。1871 年，達爾文在著作《人類的由來》裡反對這個說法，他認為，所有的人類都有共同的祖先，而且源自非洲。

動物園一遊

小獵犬號的航程結束後，達爾文住在倫敦。1838 年，他去倫敦動物園參觀，看到猩猩珍妮，留下深刻的印象。他說：「看看猩猩吧……牠的智力……牠的愛……牠的熱情與等級，慍怒與絕望的行為……然後誇大自己驕傲的卓越。」注意到相似之處的不只他一個人：維多利亞女皇覺得猿類「人性化到讓人討厭了」。

所以，達爾文說人類的祖先是猿猴，再次撼動維多利亞時代的世界——「人類最親近的盟友」——而且演化出現在非洲，正是大猩猩和

大事紀

西元 1800	西元 1871	西元 1924
人類學家推測，人類演化自好幾個起源	達爾文認為，人類的祖先是猿猴，從非洲演化出來	非洲的塔翁頭骨化石連結猿類及最早的原始人

黑猩猩的家鄉。演化的物種接著漂流到各大陸，進一步演化來適應生活環境，同時創造出新的種族。

遺失的連結

在 1870 年代以前，考古學家只找到少數早期人類（原始人）的化石。但達爾文預測，早期人類和他們祖先的遺跡會在非洲發現，他說對了。1924 年，住在約翰尼斯堡的澳洲解剖學教授達特（Raymond Dart）得到南非塔翁鎮附近出土的化石頭骨，證實達爾文的說法。

達特覺得不對勁，因為化石不像猿猴，頭骨太大，牙齒太小。他也注意到枕骨大孔（脊髓會通過這個孔連到大腦）朝著頭骨前面，用雙腳行走的人類才有這個變化，頭在脖子上方才能保持平衡。然而，「塔翁頭骨」有兩三百萬年的歷史，比尼安德塔人和直立人（十九世紀在歐洲和亞洲發現的其他人種）的骨骼都老。殘骸顯然介於猿猴和人類之間，達特把他的新發現取名為「非洲南猿」。

1974 年考古學家在衣索比亞找到人類祖先「露西」的殘骸，加上其他種種發現，證實「源出非洲」理論。露西約活在三百二十萬年前，她的骨盆、足踝和膝蓋骨都指出她會直立用雙腳行走。行走顯然是一個很重要的選擇特質，驅動人類的進化，在早期原始人齒縫中找到的食物

皮爾當人的謎團

1912 年，報紙頭條皆驚呼「找到失落的連結」。業餘英國考古學家道森（Charles Dawson）展現他找到的化石頭骨和頜骨，出土地點是薩塞克斯的皮爾當附近，也發現了動物的化石。皮爾當人據稱活在五十萬年前，代表人類與猿猴之間的連結。

四十年後，科學家發現頭骨只有五百年的歷史，頜骨則屬於猩猩。探坑裡的其他化石都是刻意放進去的。道森在 1916 年去世，沒有人知道他是不是這場惡作劇的主謀，還有罪犯另有其人。

西元 **1974**	西元 **1987**	西元 **2014**
三百萬年前的「露西」骨架在非洲出土	粒線體 DNA 將所有的人類連結到「夏娃」，共同的非洲祖先	Y 染色體亞當據估計活在二十萬年前

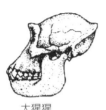  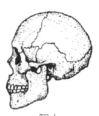

大猩猩　　　　　　直立人　　　　　　智人

直立人之類的早期原始人跟猿類相比，腦部比較大，下顎沒那麼突出。智人的頭骨比直立人大，也沒有那麼突出的眉骨。

遺跡也證實他們的飲食習慣改變了。除了採集樹上的水果，他們也吃草，或許也會吃肉。直立行走讓他們能到更遠的地方尋找食物，保護身體不被曬傷。

粒線體夏娃

科學家現在相信，我們都有共同的祖先，一名二十萬年前住在非洲的女性。相關證據並非來自化石，而是叫作粒線體 DNA 的來源。

細胞核裡的 DNA 決定我們的生理特質，傳給下一代的時候會明顯變異。然而，另一種包含 37 個基因的形式卻不會改變，就是人類粒線體 DNA（mtDNA）。MtDNA 出現在叫作粒線體的胞器（見第 105 頁）裡，負責從食物合成能量。因為精子 mtDNA 在受精後就毀滅了，我們純由母親繼承 mtDNA（「母系」）。這讓我們可以回溯我們的女性祖先。

1987 年，科學家研究主要的種族，發現他們的世系落入兩種譜系的分支，一個是純非洲的世系，另一個除了非洲，還包含其他大陸的世系。研究小組認為，這表示所有的人類都有來自非洲的共同祖先——他們取名為粒線體夏娃。除了穩定的基因外，mtDNA 也含有會變異的區域。測量變異率後，小組推論出夏娃應該活在二十萬年前——跟尼安德塔人和直立人等原始人差不多時間。這並不表示當時的女性只有粒線體

哈比人

2003 年，人類學家在印尼的佛羅勒斯島發現很奇怪的骨頭殘骸，前所未見。成人只有一公尺高，手臂很長，頭骨跟黑猩猩差不多大，但也有纖細的骨頭、未突出的臉龐與小牙齒——通常是人類的特徵。因此，科學家宣布這是一種新的原始人，稱之為佛羅勒斯人，外號「哈比人」。

這個獨特的群體估計活在一萬九千年前，或許源自直立人。因為體型較小，科學家覺得是「島嶼侏儒化」，受限於島嶼的生物由於食物有限，可能會變得比較小。

夏娃。她只是最接近現代的女性祖先，我們每個人都可以追溯到連續的母系族譜。

　　同樣地，Y（雄性）染色體只能從父傳給子（「父系」），通常不會改變。分析得出的證據顯示，所有男性都來自同一個男性祖先「Y染色體亞當」，據信他跟粒線體夏娃同時住在非洲。

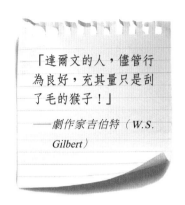

「達爾文的人，儘管行為良好，充其量只是刮了毛的猴子！」

——劇作家吉伯特（W.S. Gilbert）

　　現代的人類物種叫「智人」，我們的祖先與尼安德塔人和直立人共存了幾千年，但當其他原始人滅亡後，智人存活下來，因為腦部較大，能規劃、發展語言以及彼此溝通。這種智力讓我們打造出更好的工具和武器，有助於尋找食物——就自然選擇來說，又是一項勝利。

提要總結
人類皆演化自非洲的猿猴

32 雙螺旋

劍橋大學的科學家華生（James Watson）與克里克（Francis Crick）發現 DNA 的雙螺旋形式，創造歷史。他們的發現能幫我們了解 DNA 怎麼複製和傳輸遺傳代碼。在基因治療等方面帶來突破，原本無法治癒的疾病也有了希望。

1953 年，劍橋大學的科學家華生和克里克解決自然科學上最大的謎團──DNA 的結構。他們的雙螺旋 3D 模型轉化了我們對生物世界的理解，為遺傳學和分子生物學奠定研究基礎。科學家已經存疑一段時間，認為 DNA 是「生命的分子」，帶有組成個人密碼的基因。1944 年，艾弗里跟他在紐約洛克菲勒研究院的小組證實了這一點（見第 118 頁）；然而，DNA 的分子結構以及儲存遺傳代碼的機制仍屬謎團。

DNA 大冒險

1869 年，米歇爾發現 DNA，他從白血球的細胞核分離出 DNA。即將進入二十世紀時，DNA 分子的基本組件已知是糖、磷酸鹽和其他四種化學物──胸腺嘧啶（T）、鳥嘌呤（G）、腺嘌呤（A）和胞嘧啶（C）。稱為核苷酸。

艾弗里發現 DNA 會傳輸遺傳資訊，使得奧地利生物化學家查加夫（Erwin Chargaff）去分析 DNA 樣本中的核苷酸鹼基。他的化學測試結果顯示，在 DNA 樣本裡，A 的比例等於 T 的比例，G 的比例等於 C 的比例。看起來這些核苷酸鹼基會配對，他的發現則稱為查加夫法則。

大事紀

西元 **1869**	西元 **1944**	西元 **1949**
米歇爾在白血球的細胞核裡發現 DNA	艾弗里證實 DNA 帶有生物的遺傳密碼	查加夫推論出 DNA 裡的化學元素比例

相機不會說謊

現在把場景轉到 1940 年代晚期的劍橋大學，英國生物物理學家克里克在卡文迪許實驗室研究分子結構。美國生物學家華生最近在哥本哈根完成博士後研究，主題是病毒 DNA，然後來跟克里克合作。實驗室主任布拉格（Lawrence Bragg）爵士要兩人研究 DNA 的結構。1952 年最初的嘗試沒成功，結果是一個三邊、由裡面朝外的架構，馬上遭到拒絕。同時緊接在後的是美國化學家鮑林（Linus Pauling），在 1953 年提出他的三螺旋模型。華生和克里克備受壓力，要為劍橋搶得大獎。

倫敦國王學院的佛蘭克林（Rosalind Franklin）是化學家，提供一項很重要的線索。她的專長是製作 X 光衍射影響，將高頻 X 光射過結晶的 DNA，透過晶格裡的分子衍射，揭露分子的排列。

佛蘭克林的圖片愈來愈清晰，1952 年，她照出 DNA 分子的影像，叫作「照片 51」。分子呈現出明顯的 X 型，表示 DNA 有雙螺旋結構，兩長條彼此纏繞（兩串交叉後，從側面看是 X）。影像也顯示核苷酸鹼基穿過兩串螺旋互連，就像長長旋轉梯上的台階。這證實查加夫法則，DNA 內的核苷酸鹼基有相同的比例：一邊螺旋上的 A 鹼基連到對邊上的 T 鹼基，C 和 G 鹼基也一樣。佛蘭克林的同事威爾金斯（Maurice Wilkins）把照片 51 給華生看。這

「午休時間，克里克飛進老鷹酒吧，每個能聽到他聲音的人都聽到他說，我們發現了生命的祕密。」

——華生

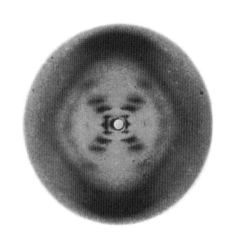

佛蘭克林具代表性的「照片 51」於 1952 年拍攝，透露 DNA 的雙螺旋結構，激勵華生和克里克造出 3D 模型。

西元 1952	西元 1953	西元 1962
佛蘭克林的「照片 51」顯示 DNA 的雙螺旋形狀	華生和克里克造出第一座 DNA 的 3D 模型	威爾金斯、華生和克里克贏得諾貝爾獎

華生和克里克

1916 年，克里克生於北安普敦郡。他在倫敦大學學院開始學術生涯，攻讀物理學學士學位。在第二次世界大戰期間，他開發水雷，用於海軍作戰。1947年，他到劍橋大學轉為研究生物學，重心放在分子的 3D 結構上。

1928 年，華生在芝加哥出生，後來得到動物學博士。華生和克里克在劍橋結緣，兩人都想揣摩出 DNA 的分子結構。

在重大的發現後，華生成為哈佛大學的生物學教授，繼續研究核酸及蛋白質合成。克里克則在劍橋繼續研究 DNA 的生物意義，包括 RNA 複製 DNA 密碼並將其傳輸到核糖體製造蛋白質的過程。2004 年，克里克在加州的聖地牙哥過世。

位年輕的科學家經歷了重大的時刻，後來他說：「看到照片的那一刻，我張大嘴巴，脈搏增快。」

建造雙螺旋

　　儘管有良好的範本，DNA 確切的化學結構仍待釐清。華生和克里克開始用金屬板當成核苷酸鹼基，小桿子當成它們之間的連結，造出模型。他們造了一個兩公尺高的結構，精確而複雜，說明不同化學鍵形成的角度。克里克高超的數學強化他們的計算基礎。模型於 1953 年 3 月 7 日完工。很多偉大的科學家先打下了基礎，但華生和克里克贏得了 DNA 雙螺旋的比賽。

　　他們的模型也提供重要的線索，說明 DNA 複製的方法。他們在 1953 年 4 月刊登於《自然》雜誌的文章裡說，「我們當然注意到，我們提出的特定配對或許暗示了遺傳材料的複製機制。」克里克後來證實 DNA 會解開成兩串來複製，每串都會獲得互補的核苷酸鹼基（A 連到 T，C 連到 G，反之亦然）來形成兩個新的、一模一樣的雙螺旋。

　　華生、克里克和威爾金斯在 1962 年得到諾貝爾生理醫學獎。很可惜，佛蘭克林在前四年死於卵巢癌，由於諾貝爾獎不會頒給過世的人，她沒有得到這項榮譽。克里克又有了重大的突破，闡明 DNA 如何編碼遺傳資訊和製造蛋白質。華生寫了暢銷書《雙螺旋》（*The Double Helix*），為個人賺得不少讚揚，但提到佛蘭克林時有些性別歧視，因此也受到批評。

　　雙螺旋結構發現後，開啟科學研究的新世界──分子生物學。也開展前所未有的領域，例如遺傳工程、鑑識科學和基因治療的新技巧，後者或許能治療某些不治之症。DNA 故事中所有的主角留下的福澤繼續影響我們的生命。

基因治療

基因異常是四千多種疾病的成因，包括癌症、愛滋病、阿茲海默症和心血管疾病。基因療法會修復出問題的基因，或補足不見基因的副本。最有可能治癒單一基因突變造成的疾病，例如囊狀纖維化。做法是隔離正常的 DNA，包進載體裡（通常是病毒）。然後放入被疾病影響的細胞裡，新的 DNA 卸載，開始工作，創造出細胞需要的正確蛋白質。

基因治療也可以把目標定在生殖細胞上（卵子和精子）目標是把抗病力傳給下一代。這個做法頗具爭議性，在許多國家仍被禁止。

提要總結
生命最重要分子的結構

33 複製和基因改造

複製和基因改造的科學進展提供解決方案給數種全球關切的迫切問題，包括疾病和營養不良。1972 年，生物學家研究出如何切碎 DNA 再重新組合，提供無限的可能。然而，此類實驗的倫理問題和安全問題仍引發分歧的意見。

　　1996 年，愛丁堡大學的科學家向全世界宣布「桃莉羊」的誕生，她是第一隻從成體羊隻細胞複製的哺乳類。桃莉羊引發熱烈爭論，很多人反省「干涉大自然」的結果。複製基本上是無性生殖，一名親代製造相同的子代。在自然界已經進行了數十億年，細菌、菌類和植物都會複製。熱愛園藝的人就知道，將植物插條種入盆中，就能養出同樣的植物。

哈囉桃莉

　　二十世紀初，科學家開始實驗複製。1928 年，德國胚胎學家斯佩曼（Hans Spemann）將有兩個細胞的蠑螈胚胎分開，成功製造出兩個幼體。1958 年，英國生物學家格登（John Gurdon）用成年非洲爪蟾的腸細胞複製出一隻青蛙。然而，桃莉羊則是第一隻複製出來的哺乳類，重點是使用成體細胞，而不是胚胎細胞。在愛丁堡大學的羅斯林研究所，魏爾邁（Ian Wilmut）和同事複製出桃莉羊，成就夢想。

　　魏爾邁用體細胞核轉移（SCNT）這種技術創造出桃莉。他從母羊身上取得卵子（胚胎）細胞，移除包含所有遺傳密碼的細胞核並丟棄。

大事紀

西元 1928	西元 1958	西元 1972
斯佩曼分開有兩個細胞的胚胎，複製蠑螈	格登用腸細胞複製非洲爪蟾	伯格率先從病毒製造出重組（改造）的 DNA

從要複製的動物身上取得供給細胞——體細胞，而不是生殖細胞。這個細胞的細胞核再植入「挖空」的卵子細胞裡，開始分裂，變成囊胚（大約有 100 個細胞）。囊胚再植入母體裡，繼續成長。

「有了遺傳工程，我們能增加 DNA 的複雜度，讓人類變得更好。」

——霍金

　　這個過程不容易，魏爾邁試了 277 次，才有桃莉。桃莉羊一輩子都住在羅斯林研究所，生了 6 隻小羊，包括一窩三胞胎。然而，牠得了肺病和關節炎，六歲時安樂死——牠生的羊（芬蘭多塞特種）的壽命都正常，最久活了十二年。桃莉羊出生後過了一年，科學家成功複製更多哺乳類，包括豬、山羊、馬和騾。複製靈長類則不容易，只有少數活過囊胚時期。

治療性複製

　　原則上，我們有能力複製人類，但很多國家仍禁止這個做法。在英國和美國，根據嚴格的指導方針，可以批准治療性複製。複製的胚胎用來萃取與病患有相同遺傳特質的細胞。細胞在早期先採收，免得變異成不同的組織。這種「幹細胞」可以加以操控，創造出病患需要的細胞類型。這種做法的優勢在於，細胞的遺傳密碼與病患相同，因此免疫系統不會抗拒新的細胞。

　　出生後取得的臍帶血包含造血幹細胞，能製造紅血球、白血球和血小板。造血幹細胞能用來治療腫瘤型血液失調，例如孩童的白血病。使用臍帶血比較沒有使用胚胎的倫理爭議——因為不需要複製就能製造幹細胞。

西元 1978	西元 1982	西元 1996
科學家初次用基因改造的大腸桿菌製造出人類胰島素	第一種基因改造的作物誕生，有抗生素抗藥性的菸草	桃莉羊誕生——第一隻複製出來的大型哺乳類

幹細胞——胚胎與成體

用胚胎幹細胞總會引起爭議，多年來，科學家都在分析成體幹細胞，看它們能否提供類似的潛能。胚胎幹細胞可以發展成體內任何的細胞；成體細胞就沒有這麼高的靈活度。

2014 年，科學家第一次用 SCNT 技術，把成人皮膚細胞轉成幹細胞。之前本以為不可能，因為成體幹細胞會隨著年齡增長而變異。然而，加州的研究人員從兩個男人的皮膚分別創造出幹細胞，其中一人是七十五歲。這也讓人好奇，即使年紀大了，身體器官是否能夠重生。成體幹細胞發展可促成組織移植，對抗幾種嚴重的疾病，包括脊椎受損、多發性硬化症和帕金森氏症。

基因改造

1972 年，美國生物學家伯格（Paul Berg）發展出一種技術，能接合 DNA 成小塊，再重組移到另一個生物身上，不一樣的物種也可以。這個技術叫作基因改造，大大影響農作物的生長，不過跟複製一樣，一直很有爭議性。改變遺傳密碼的型態，就有可能改變生物。農業遭受到巨大的衝擊，基因改造作物經過修改，更能抵抗殺蟲劑，營養價值更高，保險期限更久。比方說，識別出讓北極地區魚類在水中不會凍住的基因，插入農作物，就能產生抗凍的品種。

基因改造不限於作物。對藥物來說，可以創造出治療糖尿病的胰島素。從 1978 年開始，科學家注意到如果把大腸桿菌的 DNA 引介到人類胰島素的基因序列上，細菌就會生出人類胰島素。在這之前，我們用動物胰島素，必須先去除雜質。合成的人類胰島素已經證實比較便宜、吸收速度快、副作用比較少。

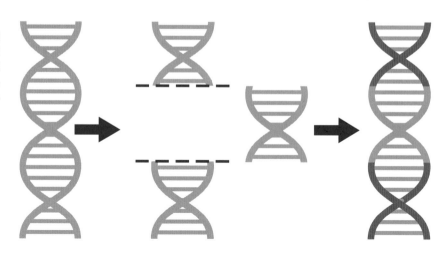

在基因改造中，一系列核苷酸鹼基（特殊基因的密碼）從供給體的 DNA 剪出來，插入要改造生物的 DNA 裡。

昆蟲也可以基因改造，有好幾個原因，例如害蟲管制和作物生產。比方說，在佛羅里達的礁島群，會造成疼痛的蚊叮疾病，例如登革熱和屈公熱，已經引發問題。科學家培育出基因改造的雄蚊，與野生雌蚊交配，生出的子代在幼體時期就會死亡。但當地居民反對釋放這些雄蚊，他們擔心基因改造蚊子會叮咬人類，更勝於得到這些疾病。

複製和基因改造造就了新的研究分支，之前可能在科幻小說裡看過：合成生物學。俗名「吃了類固醇的遺傳工程」，目標並不是重新設計現有的生物，而是創造出全新的生命形式。

餵飽全世界

想用基因改造作物來解決重大的問題，可以舉黃金米這個耐人尋味的例子。白米是很多國家的主食，但不是良好的維生素 A 來源。發展中國家有數百萬名孩童缺乏維生素 A，可能會導致失明或死亡。

1999 年，研究人員發現，把兩種基因加入白米，一種來自土壤細菌，一種來自黃水仙，能刺激胡蘿蔔素的產生，人體會把這種色素轉成維生素 A。研究人員稱這種產品叫黃金米，一碗就含有 60% 孩童一日需要的維生素 A。批評的人說黃金米的測試過程有問題，支持的人則認為這是解決重大問題的可行方案。

提要總結
修改基因來改造生物

34 合成生物學

細胞是工程的奇蹟——產生能量、建造組織、提供能量給化學反應。用人造基因取代 DNA，細胞就能變成微型工廠，大量生產化學物，包括藥物和生質燃料。這就是合成生物學的夢想。

合成生物學是現代科學最創新的領域，從基因改造向前大躍進：並不使用來自活體的 DNA，而是混合和配對實驗室創造的基因。因此能造出自然界前所未見的新生命形式。電腦會設計基因序列，從植入細菌細胞核的 DNA 核苷酸鹼基製造出來。很多人當然會對此心生恐懼，或被這種技術欺瞞。

1972 年，美國科學家伯格第一個從猴子病毒 SV40 剪下 DNA，與噬菌體的 DNA 接合，改造基因材料。1970 年代，科學家對這種所謂的「重組」DNA 工程做了更多實驗。然而在二十世紀晚期，科學家開始從頭創造出客製化基因，比「修改」現存的 DNA 更符合成本效益。

人工智慧

美國科學家凡特（Craig Venter）是合成生物學的先驅。他在 2006 年成立凡特研究所（JCVI），研究中心位於加州和馬里蘭州。2010 年，凡特宣布他的小組從無到有創造出第一個合成的生命形式，登上各報頭條。他們花了十年的時間，成本估計是四千萬美元。他們怎麼做到的？

大事紀

西元 1972	西元 1978	西元 2000
伯格率先創造出重組的 DNA	科學家用基因改造的大腸桿菌製造人類胰島素	人體基因組譜完成，我們有兩萬零五百個基因

2007 年，研究來到一個階段，JCVI 的科學家率先在細菌細胞間移植完整的基因組。他們成功把絲狀黴漿菌的 DNA 移植到山羊黴漿菌的細胞核裡。凡特決心要創造出第一個合成的基因組，又花了三年時間來達成。

在這段期間，他們創造了黴漿菌基因序列的電腦紀錄，加以修改，確保不是病原體。然後只用鹼基化學物，做了這個基因序列的原始副本，再移植到另一個細菌細胞的細胞核，在那兒開始複製。這種新的生物叫作實驗室黴漿菌，算是第一個合成的生命形式。生物基因組塞了可追蹤的「浮水印」，表示是合成的。批評的人說合成生物學家在「扮演上帝」，會把可能造成危險的生命形式或化學物帶到這個世界上。擁護者則看到修改過的細胞有可能成為生物工廠，大量製造蛋白質、疫苗和生質燃料，或許有不少益處。

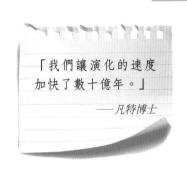

「我們讓演化的速度加快了數十億年。」
——凡特博士

合成生物學的用途

2013 年，埃克塞特大學的研究人員偶然發現一種產生合成燃料的方法，這種燃料類似柴油。他們發現大腸桿菌的一種菌株一般會把糖轉成脂肪，可以用合成生物學改造，把糖轉成燃料。這種新的合成燃料與現代汽車引擎多半相容，科

基因樂高樂園

2003 年，科學家建造了標準合成 DNA 序列的資料庫，提供樂高積木般的構建，世界各地的研究人員都可以用來建立新的生物系統。這個資料庫叫作 BioBricks，研究人員已經用來造出創新性十足的產品，每年一度在麻省理工學院舉辦比賽。

加州大學柏克萊分校的小組設計出可以取代血液的 Bactoblood，做法是將血紅蛋白的基因插入 DNA 已經損毀的大腸桿菌細胞。Bactoblood 據說人人適用、有抗病性、造價廉宜。同時，愛丁堡大學的研究人員也設計出細菌，能偵測水中的砷，這在一些國家是很嚴重的問題。如果水中有砷，細菌中的基因會刺激酸類的製造，用酸鹼值測試就可以偵測到。

西元 **2007**
凡特帶領的小組成功移植整組基因

西元 **2010**
凡特宣布他們創造出第一個合成的生命形式

西元 **2013**
基因改造的大腸桿菌把糖轉化成類似柴油的油品

學家更受鼓勵。然而，生產率卻低到令人洩氣，所以必須改善製程，這種替代燃料才有可行性。同時，其他的研究人員希望能解決當代最嚴重的環境問題，也就是創造出生命形式來消耗大氣中多餘的二氧化碳。凡特花了兩年的時間研究海洋藍綠藻的 DNA，他的研究人員也造出合成光合作用細胞，會吸收二氧化碳和光線，也會製造碳氫化合物和氧氣。

氮是農作物生產的關鍵，但跟二氧化碳不一樣，儘管大氣的含量充足，卻無法從中吸收。為了增加產量，農人需要使用氮化學肥料，才能滿足地球上增長的人口。這種肥料的生產過程需要大量能量，加入土壤後，會釋放出氧化亞氮這種溫室氣體。然而，有些細菌能吸收大氣中的氮，因為它們含有固氮酶這種酵素。合成生物學家正在嘗試創造農作物，其中含有固氮酶或能和有固氮作用的細菌建立共生關係，或許我們從此就不再需要對環境有害的肥料。

有害廢棄物管理也被突顯為合成生物學能大展身手的領域。在生物修復的過程中，微生物被用來清理廢棄物。2010 年，在墨西哥灣發生深水地平線災難，將近八億公升的石油排放到海水中。化學分散劑投到浮油上，把油分解成小滴，好讓能分解碳氫化合物的微生物消耗石油。合成生物學家認為，經過改造的微生物可以用來減少殺蟲劑、戴奧辛（燃燒產生的化學污染物）及放射性廢棄物，不僅更環保，也更符合成本效益。

對抗疾病

合成生物學也可能轉化另一個領域的人類健康。近來因為盤尼西林和相關藥物的濫用，抗生素抗藥性已經變成急迫的問題。研究人員正在打造噬菌體——一種病毒，會鎖定特定類型的細菌

凡特（1946～）

1946 年，凡特在猶他州的鹽湖城出生，他曾參與越戰，當時的體驗鼓勵他學醫，研究生物醫學。1975 年，他在加州的聖地牙哥大學取得生理學和藥理學博士學位。凡特曾在紐約州立大學水牛城分校和羅斯威爾公園癌症研究所擔任教授。

1992 年，他成立基因組研究院，後來改成 JCVI，一家非營利企業，約有兩百五十名科學家進行研究，以更深入了解合成和環境遺傳學。2000 年，凡特和其他科學家宣布他們對應出人類基因組，比國際人類基因組計畫預期完成的時間早了三年。

加以消滅。噬菌體會侵入細菌細胞，複製後導致細胞爆開。這些病毒也會分解細菌的保護層，抗生素或免疫系統就能加以識別，更有效發揮作用。科學家也在開發藥物，能偵測致癌腫瘤，毀滅有病的細胞，但不會損壞健康的組織。

　　合成生物學才剛起步，需要廣泛的測試，但政府已經發現其潛質，願意研究和投資。未來的工廠裡或許都是微生物，排放出的物質能拯救生命和地球。

提要總結
吃了類固醇的遺傳工程

35 意識

大多數人同意我們有意識，但沒有人真的明白意識如何運作。意識——我們的感知、體驗和記憶如何在大腦中會合，描繪出個人獨特的現實圖畫——是神經科學最重要的問題。目前仍是最難解開的謎題。

「可以用手掌托著、三磅重的果凍怎麼能想像天使、思忖無限的意義，甚至質疑自己在宇宙中的位置？」引自神經科學家拉瑪錢德朗（Vilayanur Ramachandran）的這句話概括意識的謎題，腦子裡的灰色物質怎麼會是意識的起源，這個難題數百年來讓科學家、哲學家和心理學家困惑不已。意識被定義為有知覺的狀態，把我們對周圍世界的感知綁成前後一致的形式，幫我們定義自己在其中的位置。研究意識的人特別強調要區別大腦這種器官和心靈的差異，後者是有意識的實體，位於大腦，會記錄感覺和體驗。

大多數人都聽過法國哲學家笛卡兒（René Descartes）的名言「我思故我在」。在十七世紀進行研究時，他支持所謂的「二元論」，這種理論提議，心靈是完全跟物質不一樣的實體，能獨立存在。現代科學在發展出麻醉劑後，反駁二元論的想法——這種生理藥物能引發病患的無意識。

意識的中心是自覺。要有自覺，就要了解你有意識，思索你的想法。因此，科學家也做了幾項研究，調查其他物種的自覺。

大事紀

西元 1644	西元 1929	西元 1970
笛卡兒說出他的名言「我思故我在」	美國哲學家劉易斯（Clarence Irving Lewis）發明「感質」的說法	科學家用鏡子測試測量其他物種，發現物種的自覺程度不一樣

鏡子測試

1970 年，心理學家蓋洛普（Gordon Gallup）發明鏡子自我認知測試，來測量動物的自覺。物種用染料標記，然後放在鏡子前面。如果動物在鏡中看到自己，會試著找身上的染料，表示牠認出自己的倒影，有自覺。通過測試的物種包括人類、靈長類、大象、殺人鯨、瓶鼻海豚、喜鵲和豬。

> 「意識向來是心靈哲學最重要的主題，也是認知科學最重要的主題。」
>
> ——查爾默思

有意識的生物留下的體驗叫作感質（qualia），衍生自拉丁文，意思是「種種樣子」。很主觀，包括感覺，例如葡萄酒的味道、玫瑰的芬芳或頭痛的痛感。通常很難言喻，因為一個人的感知與其他人不一樣。描述感質時，我們通常只能仰賴比喻。美國哲學家和科學家丹尼特（Daniel Dennett）說是「物事在我們眼中的模樣」，一語中的。能體驗到感質的物種據說也有知覺能力。這種特質是動物權利運動的重點，因為這種特質含有能感受到痛楚與苦難的能力。

在心靈中體驗到感質時，腦內會激發行動，這些過程叫作意識的神經關聯（NCC）。科學家做了很多研究，想把特定的腦部區域連結到特定的情緒或經驗。腦部影像技

量子心靈

1989 年，兩名科學家認為意識跟量子過程有關，引發極大的爭論。知名的潘羅斯（Roger Penrose）是牛津大學的數學教授，他跟麻醉學家哈默洛夫（Stuart Hameroff）合作，提出心靈的量子理論，叫作「協同客觀縮限」（Orch-OR）。

潘羅斯認為，意識是量子過程的結果（見第 32 頁），這個過程出現在腦部的微管周圍，微管的結構構成建構腦細胞的細胞骨架。他們兩人主張，這些量子過程是創意、創新和解題能力的原因。潘羅斯在《皇帝新腦》（The Emperor's New Mind）裡發表他的看法，引發大量批評。2014 年，科學家在微管內發現量子振動，為他們的說法灌注新生命。

西元 **1996**
查爾默思出版充滿影響力的作品《有意識的心靈》（The Conscious Mind）

西元 **2008**
托諾尼提出訊息整合理論來解釋意識

西元 **2014**
美國科學家認為屏狀巢負責控制腦內的意識

術的發展，例如腦電圖（EEG）和磁振造影（MRI），都助益良多。

神經中樞

　　2014 年，科學家宣稱他們發現一個腦部區域，其中的意識能透過電力刺激關閉。這個地方是屏狀巢，薄薄一片不規則的神經元，位於大腦中心。這個說法連結到 2004 年克里克提出的主張（克里克發現了 DNA 雙螺旋結構，見第 130 頁）。克里克認為，要把所有的體驗綁在一起，人類意識需要某種類似樂團指揮手的東西。與神經科學家柯霍（Christof Koch）合作，他們說這個「指揮」要能從腦部不同的區域快速整理資訊。他們覺得屏狀巢很適合這項工作。可惜的是，研究到一半克里克就過世了。

　　在 2014 年的研究中，喬治華盛頓大學（位於美國華盛頓特區）的小組公布研究結果，他們刺激一名女性的屏狀巢，讓她失去意識。她患有癲癇，小組用腦深層探頭找出腦部導致發作的區域。屏狀巢也在調查範圍內。電流施加到屏狀巢探頭時，她立刻失去意識。她停止手邊的工作，不回應外界的刺激。電流一關閉，她就恢復意識，完全不記得發生了什麼事。測試重複了幾次，結果都一樣。然而，這只是個別的研究——沒有其他的受試者，結果不算完整。

　　透過訊息整合理論（IIT）的研究，科學家繼續想辦法定義意識。率先提出的是威斯康辛大學麥迪遜分校的托諾尼（Giulio Tononi）。他相信意識不光由我們的體驗建構，也來自我們在體驗間構成的關聯。如果他說的對，想把意識灌輸給機器的科學家——人工智慧的領域（見第 64 頁）——就要失業了。比方說，電腦的硬碟可以輕易存下一生的記憶，但無法加以連結或整

意識的難題

我們為什麼會體驗到感質，變成所謂「意識的難題」。澳洲哲學家查爾默思（David Chalmers）提出了這個說法。查爾默思說，「難題」在於體驗的本質。他說，「我們思考跟感知時，迅速地處理訊息，但也有主觀的面向。」也就是說，黑管的聲音或樟腦丸的味道，為什麼不同的人就有不同的體驗？

查爾默思想要解釋體驗的新方法。在 1990 年代，第一次提出這個主題時，他認為一般認知科學和神經科學的解釋方法不足以闡明意識。有些哲學家懷疑「難題」的存在，但查爾默思確實掀起了爭論。

合。你初生兒子的照片跟他後來蹣跚學步的照片截然不同。你可以連結兩者的存在，但電腦不行。

根據托諾尼的說法，概念和體驗的整合度愈高，就愈有意義。他認為生物擁有的整合資訊量指出意識的程度。這是很創新的做法，但我們如何思考、爲何思考的謎題仍未得到解答。

提要總結
心勝於物

36 語言

複雜的語言是人類獨有的天賦，豐富而變化多端。心理學家長久以來一直在爭議語言能力的來源。二十世紀中期，知名的語言學家喬姆斯基（Noam Chomsky）提出革命性的理論，從生物學的角度，人類就是能學會語言，引發了爭議和辯論。

人類發展語言的能力很值得注意。其他物種能用天生的技能或學習而來的體系溝通，例如鳥鳴。然而，人類從有限的言語、字詞和聲音，能產生的思維和想法無窮無盡，遠超過其他物種能表達的範圍。從柏拉圖的時代，這個現象的理由就讓人類困惑不已。

二十世紀的心理學發展，讓學者更加深入研究語言習得。有一派認為人類的語言來自環境影響，小孩透過模仿父母／照顧者學會語言。這個概念叫作行為主義，主要的擁護者是美國心理學家施金納（Burrhus Frederic Skinner）。然而，在 1950 年代，一位年輕的美國語言學家喬姆斯基開始發表理論，挑戰行為主義，突顯其缺失。喬姆斯基指出，語言複雜到令人難以置信，光靠模仿，小孩子要用一生的時間才能學到所有細微的差異。行為主義怎麼解釋大多數小孩在四、五歲就能流利使用自己的語言？

透過語言，小孩一起玩耍互動時，就帶來豐富而充滿想像力的概念。喬姆斯基的觀察很敏銳，他說不論小孩子生在什麼樣的環境，知道的通常比他們學到的更多。

大事紀

西元前 370	西元 1956	西元 1957
柏拉圖指出，人類天生就會把字詞跟意義連在一起	心理學家皮亞傑發表他對孩童認知發展的研究成果	施金納出版《語言行為》（Verbal Behaviour），發表他對語言習得的信念

普遍語法

　　喬姆斯基認為，如果小孩子生下來，只能處理他們聽到的東西，就永遠學不到了解和公式化語言所需的各種技能。他指出，人類天生就有語言的生物能力，我們的腦子本能就能處理語言。而外來的影響，可以幫小孩發展語言，但精通語言的能力我們天生就有。喬姆斯基的先天論想法後來稱為普遍語法理論，是很重大的突破。他進而指出，人類天生大腦裡就有「語言習得裝置」，讓人類能解讀語法的主要原則。有了基礎後，再學習詞彙和句法，就能建構出句子。

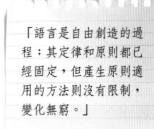

「語言是自由創造的過程；其定律和原則都已經固定，但產生原則適用的方法則沒有限制，變化無窮。」

——喬姆斯基

　　為了證實自己的理論，喬姆斯基提出幾個重點。比方說，語言或許不一樣，但不同文化中的孩童卻用類似的方法學習母語。此外，學說話時，他們通常會以正確的順序排列關鍵字詞。如果周遭的成人犯了句法錯誤，孩童會馬上糾正他們。小孩會造出簡單的句子，但不是從身邊的大人身上學到，也會犯下常見的錯誤，但不能用行為主義來解釋。例如，以英文為母語的小孩子或許會弄錯不規則的複數變化，但大人就不會。

　　喬姆斯基認為，僅有人類具有語言，意義也很重大。他特別強調，小孩和小貓咪都懂得推理，但面對同樣的語言學，小孩會發展出語言，但貓咪不會。過去幾十年來，喬姆斯基的研究非常具有影響力，但也飽受批評。人類都有「語言習得裝置」的想法尚未得到證實。此外，很多語言學家認為，想和其他人互動，建立關係，會加快語言發展的速度。

西元 1957
喬姆斯基的大作《句法結構》（Syntactic Structures）提出普遍語法的基礎

西元 1962
維高斯基具有影響力的著作《思想及語言》（Thought and Languages）在西方出版

西元 2013
研究顯示胎兒能了解節奏和語調

喬姆斯基（1928～）

喬姆斯基生於美國賓州的費城，父母都是老師，他是長子。父親威廉是阿什肯納茲猶太人，1913 年逃離烏克蘭。十六歲的時候，喬姆斯基進入賓州大學就讀，學習哲學和語言。1955 年，他得到語言學博士學位。自 1957 年以來，喬姆斯基出版了不少語言學書籍，也發表普遍語法的理論，讓他聞名世界，也打擊眾人對行為主義的信念。

他也是知名的政治激進分子，支持人權。出聲反對美國參與越戰後，他被列入尼克森的「仇敵名單」。身為美國的一流學者，喬姆斯基的研究也擴及人工智慧、心理學、電腦科學和音樂理論。他一直是語言學的領袖，因為他奠定了所謂的「喬姆斯基語言學」。

社交技能

二十世紀晚期出現的理論則以社交互動的重要性為基礎。支持這個想法的心理學家和語言學家認為孩童想跟周遭溝通，因此發展出語言。人類一出生就有強大的頭腦，因此有動機就能發展出新技能。

這些理論家稱為社交互動論學家。二十世紀早期蘇聯的心理學家維高斯基（Lev Vygotsky）是創始人。他相信成人的社交學習是孩童發展的主要驅動因素。小孩所在的環境和語言的內化會刺激認知發展。

維高斯基相信，成人是影響孩童認知發展的關鍵，因為他們把自己對語言的理解傳輸給兒女。1930 年代，美國心理學家布魯納（Jerome Bruner）在西方推動維高斯基的研究，但再過三十年，這套理論才流行起來。

其他知名的心理學家，例如皮亞傑（Jean Piaget），則強調與同儕互動來學習關鍵社交技能的重要性。皮亞傑和維高斯基的研究有相似之處，也有差異。皮亞傑相信必須先有發展才有學習，而維高斯基相信發展和學習相輔相成。

二十世紀後期出現了「經驗主義」學派。支持者認為感官體驗——例如聽、看、摸——都是語言習得的主要來源。小孩子一出生，就像「一張白紙」，沒有預先設定的知識或語言。經驗主義者相信，小孩的心靈會處理感官刺激，在社交背景中學習語言。

很多語言學家相信，語言習得取決於這些先天後天手法的組合。人類天生就有能力精通語言的規則，但小孩透過互動，能更有效率發展這些技能。爭論仍在持續，多半要歸功於喬姆斯基的研究，讓更多人注意到這個令人著迷的領域。

語言和發展中的胎兒

「胎兒在子宮裡就開始學習語言！」2013 年，研究結果指出，嬰兒一出生就能認知熟悉的聲音和語言模式，然後世界各地的報紙就出現了這行頭條。進入懷孕末期的婦女接受研究。她們拿到錄音，反覆播放「tatata」，中間穿插音樂。有時候，中間的母音會有不同的音高或發音。嬰兒出生後，他們不光認得出這個字，也能認出變化型。對照組的嬰兒則認不得這個字。接受研究的嬰兒只有一個月大，科學家仍不知道母體內的學習對後來的發展有什麼影響。

提要總結
我們如何學會溝通

37 冰河時期

歷史上有好幾次，地球變成冰球。冰河從南北極延伸到赤道，在地貌上留下深深的疤痕——透露祕密的徵象，幫科學界定出冰河時期的日期及畫出圖表。我們說不定現在也住在冰河時期裡，享受間冰期相對來說比較暖和的日子。

在最後一次冰河時期，地球大陸約有百分之三十二，海洋約有百分之三十，覆蓋在冰層之下。冰河連在一起，形成的冰層有些地方可厚達五公里。猛瑪象、劍齒虎、狼和熊等大型長毛動物在如此嚴峻的環境下存活下來。人類則用猛瑪象的骨骼和縫在一起的動物毛皮製成避難所，躲在裡面。

最後一次冰河時期於十一萬年前開始，在一萬兩千年前結束。在那之前，地球已經經過好幾次完全凍住的時期。源自格陵蘭和北斯堪的納維亞的冰積土也出現在熱帶緯度，表示兩極的冰帽擴展，匯集在赤道。

現代對冰核（從冰層取來的樣本）、地形、深海沉積物和化石的地質學研究都有助於畫出冰河時期的地圖。但確切的起因仍是謎題。有些科學家相信地球軌道的週期變化會影響太陽放射，導致冰河時期。現代理論則指出大氣中二氧化碳的濃度變化導致地球凍結。也有可能板塊運動（見第 152 頁）移動大陸，阻斷暖水從赤道流出，讓冰河時期突然來到。

大事紀

西元 1741	西元 1830	西元 1837
馬泰爾（Pierre Martel）推論，冰河的外型隨著時間改變	席姆佩爾（Karl Friedrich Schimper）定義「冰河時期」的說法	阿格西認為地球曾被蓋在冰下

冰河作用的證據

地球的冰川就是冰河在土地上留下標記的直接證據。位於阿爾卑斯山白朗峰山坡上的冰之河十分壯觀，7 公里長，200 公尺深。冰河隨時起落，脹大、沉澱、融化和擴展。變化速度很驚人，上冰川的幾段可能一年移動多達 120 公尺。冰河非常重——一立方公尺的冰重量為 920 公斤——因此能在地上切割出巨大的縫隙。

搖晃的行星

二十世紀中期，塞爾維亞地球物理學家和天文學家米蘭科維奇（Milutin Milankovitch）分析地球旋轉軸的傾斜度、地軸的搖晃以及地球繞著太陽的軌道形狀。這些因素掌管能射到地球上的太陽光，氣溫也會跟著變化。

米蘭科維奇算出這些因素會影響固定期間的放射量。在 1970 年代，深海岩心的研究證實冰河時期的時代正如米蘭科維奇的推算。現在稱為米蘭科維奇循環。雖然會影響間冰期，但科學家不覺得這些因素能讓地球進入或脫離冰河時期。

山丘間大多數山谷是 V 型，但冰河移動會形成 U 型的波谷。蒙布朗峰、挪威的峽灣和美國優勝美地國家公園都可以看到這樣的證據。冰河移動時，會移動巨大的岩石和岩層，可能會沉積在幾公里外的地方。很多大岩石出現在不該出現的地方，或結構與當地的岩石明顯不一樣，叫作漂礫。

冰磧也提供很重要的線索。冰河一路撞擊，拔起大塊的岩石，就會留下這樣隆起的岩層。側磧在冰河側邊成形，而終磧則堆積在冰河旅途的終點。

偵測冰河時代

在十八世紀中期，科學家開始分析地形的線索，尤其是沉積在山谷裡的「孤兒」石群，看似來自其他的地方。在 1830 年代，德國植物

西元 **1941**
米蘭科維奇發表他的理論，地球軌道會影響兩極的冰帽

西元 **1964**
哈蘭德在熱帶緯度發現格陵蘭的冰積土

西元 **2014**
科學家用氪定年計算南極冰層的年歲

小冰期

從1300年到1870年，地球上有些地方進入「小冰期」。北半球的平均溫度低於以往，冬天的天氣惡劣無比。1814年，倫敦的泰晤士河凍硬，1816年，歐洲和北美的大氣溫度低到鳥兒在空中結凍。但小冰期不是全球的現象，在某些地方，氣溫仍保持穩定。

我們不知道小冰期的起因，但有些科學家認為是火山活動。火山爆發時，把灰塵和氣體噴入平流層，因此太陽光被反射回太空，下方的地球就變冷了。用放射性碳定年法檢測加拿大的植物物質，發現許多植物在中世紀早期死亡，表示氣溫大幅變低。這也對應到地球上火山活動愈加繁盛的時期。

然而，從1645年到1715年，太陽表面會放出熱力的磁暴停止（稱為蒙德極小期）。有些科學家預測，到了2030年代，太陽活動的變化會帶來另一次「小冰期」。

學家席姆佩爾研究巴伐利亞地區阿爾卑斯山高地石頭上生長的苔蘚，納悶這些石頭從哪裡來。他造訪巴伐利亞，細心研究岩石，得出結論，這些岩石一定是冰河搬過來的。席姆佩爾也提出很激進的想法，歐洲、北美和亞洲曾有一度都蓋在厚厚的冰層下。

席姆佩爾找他的朋友合作，瑞士籍的美國冰河學家阿格西（Louis Agassiz），後者曾在阿爾卑斯山做過不少田野調查。他們推論，全球一定有過「埋沒」的時期，當時瑞士就蓋在巨大的冰層下。1837年，阿格西發表理論，大家都認為他第一個按科學理論提出地球曾有幾段時間被凍結在冰裡。席姆佩爾沒有發表結果，也沒得到讚賞，但他確實是「冰河時期」這個說法的發明人。

一開始大家的接受度不高，同時代的人仍相信地球慢慢冷卻下來，因為在很早的時候，地球上滿是火山，跟火球一樣。又過了三十年，冰河時期理論才廣為流傳。

定年冰河時期

地質學家用幾種方法定年冰河時期，比方說查看岩石的刮痕或擦痕、山谷的切痕與冰河的漂礫。化石分布也提供重要的線索。在冰河時期，曾在溫暖環境下欣欣向榮的生物滅絕，或遷居到緯度較低的地方，因為當地的環境沒那麼嚴苛。化學測試提供了進一步的證據，指出地球歷史上的溫度變化。

冰河時期可能持續數百萬年。第一次開始在二十四億年以前，後來有另外四次冰凍的時代。最嚴重的則是「雪球地球」，據信地球當時幾乎完全結冰了。科學家認為應該在六億到八億五千萬年前，起因可能是火山活動減少，減少大氣中的溫室氣體二氧化碳，也因此降低地球的溫度。火山排放的二氧化碳或許最後拯救了地球，脫離永久冰凍的狀態。一般來說，空氣中和海洋中二氧化碳的濃度很平衡，但如果海洋凍住了，大氣中二氧化碳逐漸升高，也會讓地球暖化。

有些科學家相信最後一次冰河時期尚未結束，我們正在「間冰期」，一個氣候比較溫和的時代，但仍在冰河時期裡。儘管如此，地球可能還要好幾千年才會完全結冰。

「岩石有歷史：灰色，飽受風雨侵蝕，它們經歷過許多戰爭：在冰河時期，它們曾經成群往前行進。」

──美國博物學家巴勒斯
（John Burroughs）

提要總結
地球曾凍結幾百萬年

38 板塊構造

科學家發現地殼包含巨大的岩石板塊，一直在移動，也因此能解釋不少地質學的謎題，例如大陸漂移、深海洋脊的形成與地震的起因。熔化物質從地球內部升起，因而驅動板塊運動。

即將進入二十世紀時，許多地質學家仍相信地球大陸永遠不變——一向就是現在這個模樣，以後也是。但也有幾位科學家開始質疑這個思考模式。

其中一人是德國地球物理學家和氣象學家韋格納（Alfred Wegener）。他一直注意到西非和南美洲大西洋海岸線的輪廓，暗示以前曾固定在一起。韋格納猜測，曾有一度，大約兩億五千萬年前，所有的大陸都連在一起，是一塊他稱為盤古大陸的「超大陸」。韋格納進一步假設，在長期的地質時間裡，大陸漂移分開。他稱這個現象為「大陸位移」，古生物證據也證實他的想法。他發現同樣的化石生物和岩層因著某個原因出現在如今相距近一萬公里的非洲和南美洲。

韋格納把他的理論在 1912 年提給德國地質學會，但回應相當冷淡。同時期的人認為類似的化石分散到不同的大陸，因為之前曾有能讓動物穿越的「陸橋」連接兩塊大陸。很多人也相信地球冷卻後縮小，造成地殼上的皺褶，形成山脈。韋格納反對這個理論，因為山脈只在某些地區形成，並非全球都有。他相信變成印度的大陸碰撞亞洲時，造成喜

大事紀

西元 1912	西元 1929	西元 1960
韋格納提出突破性的理論：大陸漂移	霍姆斯認為地幔會發生熱對流	赫斯認為海底一直在擴張

馬拉雅山成形。

動態的地球

　　地質學家覺得韋格納沒有資格提出這麼激進的主張。
另一個問題則是他無法解釋大陸怎麼移動。他的理論變得
沒沒無聞，1950 年代流行起古地磁學的研究，反而讓大家
注意到他的想法。科學家發現，岩石成形時，含有當時地
球磁場方向的印記。在地殼上刻得愈深，岩層變得愈老，
研究顯示，地球磁場的方向會根據岩石的年齡而改變。南
北磁極穩定很長的時間後，會突然翻轉，有時候可能數十
年，有時候數百到數千年。

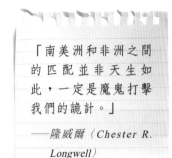

「南美洲和非洲之間
的匹配並非天生如
此，一定是魔鬼打擊
我們的詭計。」

——隆威爾（Chester R.
Longwell）

　　海底的研究提供相關的證據。在第二次世界大戰前，
大家相信，海底是平的，沒有特色，但聲納技術的發展揭露相當多的變
化，有巨大如山脈的洋脊，也有深如大峽谷的裂口。在其他地方，還
有如平原般平坦的大塊土地。霍姆斯（Arthur Holmes）和赫斯（Harry
H. Hess）等科學家認為，熔化物質從地球內部擠出來，冷卻後形成新
地殼，推開海底，造成洋脊出現。1960 年代，磁力儀從海底平原讀到
的資料顯示條狀圖案，磁對位互相交錯，證實地殼會變老，從中洋脊移
開，確認上面的想法。

　　到了 1960 年代，地球物理學家發覺地球的外殼，也就是岩石圈，
由巨大的岩板組成，叫作板塊，像拼圖或龜殼上的小塊，能拼在一起。
地球上有幾個主要板塊——非洲、南極洲、歐亞、印澳、北美洲、太平
洋和南美洲。此外也有一些小板塊。

西元 1966	西元 1968	西元 2004
麥肯齊（Dan McKenzie）用數學方式造出地幔對流的模型	摩根（Jason Morgan）出版重要著作《板塊構造理論》（*The Theory of Plate Tectonics*）	板塊運動引發毀滅性的南亞海嘯，導致二十三萬人死亡

儘管很巨大，這些大板塊每年仍持續以幾分鐘的速率慢慢移動，動力來自下方地幔的擾動。板塊之間的界線叫作斷層，有好幾種證實它們自身存在的方式。

斷層類型

板塊漂移分開，在地面上慢慢創造出擴大的裂口，例如新墨西哥州的格蘭德河和深海洋脊，就出現不同的斷層。板塊滑過另一個板塊，摩擦的動作可能會導致地震，造成轉型斷層。加州的聖安德魯斯斷層（San Andreas Fault）就是很有名的例子。1906 年，舊金山發生大地震，導致六百多人死亡。

地球有七大板塊，和幾個比較小的板塊，彼此會推擠。板塊的運動會造成深海洋脊、火山和山脈。

板塊匯集在一起的地方叫聚合斷層。通常海洋地殼比較薄的板塊會移到另一個板塊下方，陷入地球炙熱的地幔，形成所謂的隱沒帶。火山和地震在這些地區很頻繁——比方說環太平洋火山帶。2004 年深具毀滅性的南亞海嘯起因就是印澳板塊隱沒到歐亞板塊下方。因此引發的強烈地震釋放出的能量等於兩萬三千顆廣島原子彈。一千公里長的斷裂逼開了海洋，朝著許多國家的海洋發送十五公尺高的巨浪。約有二十三萬人喪命。

另一種類型的聚合斷層則是厚層陸地板塊碰撞的結果，兩塊板塊都不會隱沒。韋格納相信印度撞上亞洲而形成喜馬拉雅山，終於證實正確：六千萬年前，板塊會合在一起，沉積岩被壓在一起，往上形成山脈。板塊仍在彼此推擠，這就是爲什麼喜馬拉雅山每年會繼續長高的原因。

測量動作

全球衛星定位（GPS）系統愈來愈進步，讓我們能測量板塊運動，精確度在幾毫米以內。地面上的 GPS 接收器從地球周圍的 30 個衛星擷取信號。地球物理學家就能分析緩慢的板塊運動及地震後的地殼移動。

GPS 也可用來監控隱沒帶的「慢滑移」運動，板塊會斷斷續續移動，釋放出能量。地球物理學家相信慢滑移表示板塊壓力逐漸累積，未來會發生地震釋放出來。GPS 可以突顯可能發生地震的熱點，避開致命的危機。

提要總結
地面一直在移動

39 大滅絕

> 過去四億五千萬年來，大量的物種曾有五次從世界上消失。這些事件叫作大滅絕，如果氣候持續以目前的速率變化，有些科學家相信我們已經墮入下一次大滅絕。

　　就定義來說，大滅絕是全球各地生物在短短的地質時間內毀滅。或許擴及幾百萬年，但相較於地球四十五億年的歷史，幾百萬年也不算長。我們已知的大滅絕有五次，都標記了地質年代的轉換。關於大滅絕的起因，有人說是小行星撞到地球，有人說是氣候變化和異常的火山活動。

　　這些災難性事件在地球岩層裡留下了化石線索。在十七世紀，科學家發現化石並開始研究，有些發現的物品簡直是個謎。巨大的骨頭、角和牙齒據說是神話生物的殘骸，例如巨人、龍或獨角獸。居領導地位的法國動物學家居維葉（見說明框）深入分析化石紀錄，認為地球史上有幾段時期，大量的物種遭到滅絕。英國科學家歐文（Richard Owen）在1842年發明了「恐龍」（意思是「可怕的龍」）的說法後，大家開始競賽，想找到這些生物的遺跡。

　　最老的化石從最深的岩層出土，對應到地球最早的生物。更複雜的生命形式，例如哺乳類、爬蟲類和鳥類，則在比較靠近地面的岩層裡。科學家用岩石年齡測定在地球史上找出這些時代的確切時間——當時出現了大滅絕，許多物種的化石突然就消失了。比方說，恐龍滅絕

大事紀

西元 1796	西元 1842	西元 1962
居維葉提出研究結果，認為有些物種已經滅絕	英國科學家歐文發明「恐龍」一詞	奈維爾（Norman D. Newell）特別強調大滅絕在演化上的重要性

的時間點現在稱爲白堊紀—第三紀（K-Pg）滅絕。這是因爲滅絕事件在地質上分開白堊紀和第三紀。K-Pg 界限是一層一公分的黑泥，夾在上方黑色的第三紀岩石和下方顏色較淺的白堊紀岩石裡。再往上找不到恐龍化石了。

恐龍的結局

1970 年代，美國地質學家華特·阿瓦瑞茲（Walter Alvarez）在義大利的峽谷裡研究岩層，他的父親路易斯·阿瓦瑞茲（Luis Alvarez）是物理學家，曾贏得諾貝爾獎，他給父親看岩層裡指出恐龍滅絕的證據。這件事仍無法解釋，路易斯·阿瓦瑞茲決定帶一些泥土回實驗室分析。結果讓他很驚訝，裡面含有異常高的元素銥——比地殼裡的濃度高出 30 倍。地殼裡的銥很稀少，但在流星和小行星裡就很多。微隕星在地球上灑了一些銥，但他們無法解釋 K-Pg 層裡的大量銥從何而來。

阿瓦瑞茲父子馬上相信，唯一的解釋就是龐大的小行星落到地球上，毀滅了恐龍和許多其他的物種。他們在 1980 年發表理論，引發熱烈的爭議。1990 年，科學家調查地球的磁場和重力場，發現墨西哥某個大坑的邊緣可追溯到 K-Pg 滅絕的時代，找到有力的證據。這個隕石坑以猶加敦半島的希克蘇魯伯爲中心，寬 180 公里，表示掉下來的隕星直徑至少 10 公里。

居維葉和災變論

在十八世紀，很多博物學家抗拒當時浮現的物種滅絕說法。他們說，如果眞有滅絕，最後地球上所有的生物都會死。在 1790 年代，知名的動物學家居維葉開始提出滅絕的有力證據。他區別現代的大象跟猛瑪象，說牠們是不同的物種——因此四千年前猛瑪象消失時，就眞的滅絕了。

研究巴黎盆地的岩層時，居維葉注意到很有意思的東西。含有化石的連續岩層會突然結束，被上方不同類型的化石取代。居維葉指出，大滅絕是這些生物紀錄斷層的起因，這個理論稱爲災變論。

西元 1980
阿瓦瑞茲父子認爲小行星的撞擊毀滅了恐龍

西元 1982
塞普考斯基（Jack Sepkoski）和勞普（David M. Raup）認爲大滅絕有一定的發生頻率

西元 2015
科學家確認氣候變化即將引發第六次大滅絕

> 「滅絕是規則；生存
> 是例外。」
> ——薩根（Carl Sagan）

很難想像隕星的衝擊造成什麼樣的災難。當時出現了大地震、超級大的海嘯、時速達 640 公里的強風、巨大的火球煮沸了海水。逃過衝擊的恐龍後來也死了，因為大氣中都是煤煙，太陽光被擋住了幾個月。植物死亡，食物鏈崩潰。據估計，地球過了一百萬至兩百萬年才恢復原貌。

大滅亡

小行星衝擊造成恐龍死亡，已經是眾人公認最合理的解釋。然而，這並不是地球上最可怕的大滅絕事件。二疊紀—三疊紀滅絕發生在兩億五千兩百萬年以前，毀滅了高達 96% 的海洋物種跟 70% 的陸地物種。今日地球上所有的物種都衍生自當時存活下來的生物。但不光是一次毀滅性的事件導致這次災難，因為證據指出，滅絕分成好幾個階段。早期的環境逐漸改變，似乎接著一次突發事件，例如小行星撞擊、火山爆發或大火。微生物增加，釋放甲烷到大氣裡，也會觸發溫室效應，在地球上造成混亂。

有些科學家相信，盤古大陸的集合（見第 152 頁）或許是根源。他們認為大陸板塊朝著彼此移動時，毀滅海洋棲息地，擾亂洋流，導致區域的氣候失衡。

如果氣候變化持續不衰，我們或許已經進入第六次大滅絕。保守的估計也指出，在二十一世紀末，地球上有 16% 的物種會死光，脊椎動物消失的速率比之前幾次大滅絕更高。歐洲太空總署正在發展技術，要在小行星落地前將其轉向。然而，更強的威脅似乎已經愈來愈近了。

地球的五次大滅絕

在二十世紀，科學家在地球史上找出五次大滅絕。第一次出現在奧陶紀晚期，四億三千八百萬年前。大多數生物仍在海裡，因此腕足動物和三葉蟲等海洋生物大量減少。下一次大滅絕則是泥盆紀後期（三億六千萬年前），消滅了地球上 30% 的物種。珊瑚礁受到的影響特別大，過了幾百萬年才回復繁盛。

最嚴重的大滅絕稱為「大滅亡」，出現在二疊紀—三疊紀（兩億五千兩百萬年前），海洋物種有96% 遭到毀滅。接下來兩次到三次的滅絕階段導致三疊紀—侏羅紀事件（兩億零一百萬年前）。最後則是白堊紀—第三紀事件（六千六百萬年前），毀滅了恐龍以及地球上 70% 的物種。

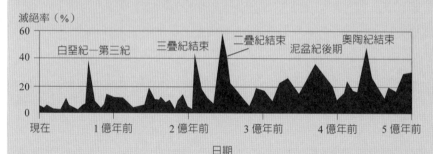

地球上五次已知的大滅絕，顯示每次消失的物種百分比。注意，這是留下化石的物種百分比——所有的百分比應該更高。

提要總結
地球上的生命定期
遭到災難事件劫掠

40 氣候變化

1824 年，法國科學家傅立葉（Joseph Fourier）率先指出，地球大氣層中的二氧化碳愈來愈多，會導致氣候變化。又過了一百五十年，大家才發現人類對地球造成的危害，開始採取步驟減少共同的「碳足跡」。

　　氣候變化是對地球未來最嚴重的危害，很多氣候科學家相信，我們快要來到「臨界點」，之後就束手無策，無法防止悲慘的結果發生。這是對未來的反烏托邦看法：海平面上升到倫敦和紐約等地淹水；大量人口逃離無法居住的國家，造成混亂與戰爭；動植物大規模滅亡，導致規模龐大的飢荒。

　　過去一百年來，人口大幅增加，擾亂地球精細的氣候平衡，讓地球付出極大的代價。因為有大氣層，地球的氣候溫和；大氣層是包住地球的薄薄一層氣體，防止地球不會像太陽系的其他行星一樣變得灼熱或酷寒。太陽光通過大氣層，是可見光，讓地面變得溫暖。地表散發出的能量是紅外線熱輻射，波長比可見光更長。這種形式的能量更難通過地球的大氣層，會被二氧化碳、甲烷和臭氧等溫室氣體吸收 —— 然後把部分重新散發回地面上。儘管名為「溫室效應」，這個過程跟溫室的活動略微不同，溫室會防止溫暖的空氣上升消散。

早期的理論

　　過去四十年來溫室效應已廣受宣傳，但它並不是純屬現代的理論。

大事紀

西元 1824	西元 1896	西元 1938
傅立葉提出假設，地球的大氣層用某種方法讓地球變得溫暖	阿瑞尼斯用模型展示二氧化碳如何影響地球的溫度	卡蘭達用圖解說明過去五十年來地球溫度的升高幅度

1824 年，法國科學家傅立葉算出，根據地球到太陽的距離，地球的表面溫度應該比較低。他認為，不知道爲什麼，大氣層形成隔絕層，留下熱度。因此，傅立葉被封爲第一個識別出溫室效應的人——即使沒有人知道確切的成因。

「氣候變化不光是未來的問題。不論在哪裡，每天都對我們造成衝擊。」

——席娃（Vandana Shiva）博士

　　但在接下來的幾十年內，科學家學到，二氧化碳會吸收紅外線輻射，而且在 1896 年，瑞典化學家阿瑞尼斯造出數學模型，證實二氧化碳如何影響地球上的溫度。他證實，如果二氧化碳增加或減少，溫度也會跟著增加或減少。阿瑞尼斯算出，如果大氣層中的二氧化碳加倍，地球的溫度會增加大約 4°C。如果二氧化碳減半，我們會進入另一次冰河時期。

　　阿瑞尼斯第一個發現，工業化後化石燃料的使用率加速，會增加大氣中的二氧化碳，讓地球變暖。然而，他的假設並沒有爲地球的未來激起可怕的預言。那時，人類活動看似不可能明顯影響地球的溫度。科學家相信，過多的二氧化碳會被海洋吸收。阿瑞尼斯指出，二氧化碳變多，會讓情況「更穩定」，促進植物生長和食物產量。有人甚至認爲，或許有助於趕走另一次冰河時期。然而，阿瑞尼斯的發現飽受爭議，五十年來幾乎無人聞問。

全球暖化的證據

　　1938 年，英國工程師卡蘭達（Guy Callendar）想重振阿瑞尼斯的理論。他核對十九世紀的溫度測量紀錄，與大氣中二氧化碳的濃度比較。卡蘭達推論出過去五十年來，地球的溫度增加了 0.5°C，提出成因應該是二氧化碳。他手寫的計算後來證實完全正確，二氧化碳對全球溫度的影響則稱爲卡蘭達效應。

西元 **1961**
基林曲線證實大氣中的二氧化碳穩定增加

西元 **1989**
保護臭氧層的蒙特婁議定書得到批准

西元 **2014**
聯合國提出警告，我們已經快來不及逆轉氣候變化了

自十九世紀晚期以來，大氣中二氧化碳愈來愈多（測量單位是 ppm，百萬分之一濃度），直接影響到全球氣溫升高。線條描摹大氣中二氧化碳的濃度，直條表示溫度。兩者顯然互相關聯。

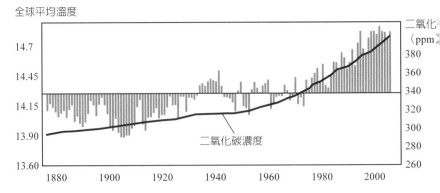

全球平均溫度

二氧化碳濃度

在 1950 年代，燃燒化石燃料釋放出的過量二氧化碳顯然並未被海洋吸收。科學家發現，二氧化碳增加，對地球來說可能會造成危險。1961 年，美國地球化學家基林（Charles Keeling）用圖解說明二氧化碳濃度正在穩定上升，他的圖解後來稱為基林曲線。阿瑞尼斯的計算也跟著重見天日，透過電腦科技變得更完善。

訊息終於從科學家傳到政府耳中——地球正在迅速暖化，奔向毀滅性的短期改變。1965 年，美國總統詹森（Lyndon B. Johnson）傳達特別訊息給國會，他說：「空氣污染再也不限於與世隔絕的地方。這一代透過放射性物質，以及燃燒化石燃料造成二氧化碳穩定增加，改變了大氣層的組成，禍及全球。」

熱氣上升

科學家分析冰河含有的氣泡，可以算出歷史上的平均溫度。地球經過冰河時期時，在五千年的時間內，全球平均溫度總共升高了 4～7°C。在上一個世紀，地球的溫度升高了 0.7°C。跟前一次冰河時期結束後的溫度升高比起來，速度快了十倍。2015 年，海平面上升的速率顯然超過之前的預測。自 1990 年以來，海洋上升了三毫米，比原本的估計高出 25%。

根據聯合國在 2014 年發表的報告，我們只剩幾年的時間能預防災難性的暖化，不然目前可居住的地方也會變成不適合居住。這包括北美洲和歐洲。溫度升高超過 2°C，就到了「臨界點」。現在就要採取行動了。

反照效應

北極暖化的速度幾乎是其他地方的兩倍，因此自 1970 年代以來，北極的海冰已經減少了 14%。這會影響一個重要的調節過程，叫作反照效應。行星的反照就是落在行星表面上並反射回太空的太陽能量。反照是介於 1 和 0 之間的數字──積雪區域的反照接近 1（反射回百分之百的光線），而比較暗的表面反照則接近 0。地球整體的反照為 0.35，但極區冰帽因全球暖化而融化後，反照就減少了──表示反射回太空的太陽能量變少。這讓地球變得更暖，導致更多冰融化，將反照繼續降低，進入控制不住的回饋循環。

提要總結
全球暖化是地球面對最嚴重的威脅

41 哥白尼的太陽系

太陽系的日心說由十六世紀的天文學家哥白尼（Nicolaus Copernicus）第一個提出，推翻長久以來地球是宇宙中心的誤解。他提出這麼激進的想法，飽受譴責，在他臨死時，他的理論才公諸於世。

　　哥白尼的理論為我們對宇宙的了解引進了新時代。幾千年來，即使最有學問的學者也相信太陽和太陽系的行星都繞著地球轉，我們的行星在宇宙中心靜止不動。古希臘哲學家提出這個以地球為中心的概念，包括柏拉圖和亞里斯多德。

　　西元前四世紀的數學家歐多克索斯（Eudoxus of Cnidus）造出模型，說明天體如何繞行地球。他相信它們在繞著地球的球面上，距離不斷增加，月亮在最靠近的球面上，再來是水星、金星、太陽、火星、木星、土星，最後則是遙遠的恆星。發展出這個想法的亞里斯多德相信，每個行星都由自己的神祇推動。西元前三世紀的阿里斯塔克斯（Aristarchus of Samos）則是唯一一個質疑地心說的人。他相信地球在地軸上轉動，繞著太陽運行。但亞里斯多德的想法很有影響力，沒有人願意接受他的理論。

　　然而，地心說有幾個明顯的不規則，令當時的天文學家非常困惑。比方說，地心說無法解釋行星不同的亮度，或它們為何定期改變方向，基本上就是在空中退行。

大事紀

西元前 400	西元前 300	西元 1543
天文學家相信行星和太陽繞行地球	阿里斯塔克斯提出太陽系的日心說	哥白尼發表他的看法，行星繞行太陽

　　埃及天文學家托勒密（Ptolemy of Alexandria）發明一個很簡便的理論來解決這個問題。他在西元 150 年的著作《天文學大全》（*Almagest*）裡提出，既然每個行星都在自己的球面上移動，也會繞一個比較小的圓形，叫作「本輪」。行星的本輪對應到球面的運動時，就叫作「順行」通過天空。如果本輪跟球體的方向相反，就是「逆行」運動，看起來慢下來了，往反方向走。早期的天文學家相信這或許也能說明行星亮度的變化。

> 「知道我們明白已經知道的事情，也知道我們不明白我們不知道的事情，那才是真正的知識。」
> ——哥白尼

革命性理論

　　托勒密的理論說服了天文學家，又過了一千四百年，充滿勇氣的波蘭天文學家哥白尼顛覆了整個模型。哥白尼在克拉科夫大學念天文學，也看到阿里斯塔克斯的研究。他質疑地心說的本輪理論，相信裡面有許多缺失和不合邏輯的地方，開始發展自己的理論。

　　經過多年的觀察和計算，哥白尼確立了太陽系的日心說，太陽是太陽系的中心，不是地球。在他的模型裡，所有的行星都繞行太陽，按著我們現在知道的正確順序——水星、金星、地球、火星、木星和土星（海王星和天王星後來才發現）。這個太陽系的「新」看法解釋為什麼從地球上看來，水星和金星很靠近太陽。

　　哥白尼也主張，地球在地軸上每天轉一圈，每年繞太陽一圈，也證實無誤。他的理論擺脫托勒密地心說的異常現象，尤其是本輪。逆行也有解釋，因為地球不會固定不動，而是在軌道上一直移動。因此，跟外圈移動比較慢的行星重疊時，例如說木星吧，這顆氣體行星看起來在空中往反方向移動。基本上當一部車超越速度比較慢的交通工具時，你也

西元 1610
伽利略用望遠鏡觀察金星，讓哥白尼的理論更具說服力

西元 1609～1619
克卜勒定義行星運動和橢圓軌道的定律

西元 1687
牛頓揭露，重力讓行星留在繞著太陽的軌道上

哥白尼（1473～1543）

1473 年 2 月 19 日，哥白尼出生於波蘭的托倫。他的父親尼可拉斯是位成功的商人，母親芭芭拉‧沃特仁德（Barbara Watzenrode）來自領先商界的家庭。父親過世後，年輕的哥白尼受舅舅盧卡斯‧沃特仁德（Lucas Watzenrode）照顧，後來沃特仁德成為瓦爾米亞的主教。他督促哥白尼的教育，引導他走上聖職。

哥白尼在克拉科夫大學研讀了許多學科，包括天文學在內，然後他進了波隆那大學。這是他學業上的關鍵時刻，因為他寄宿在大學的天文長諾瓦拉（Domenico Maria de Novara）家裡。1503 年，哥白尼得到教會法的博士學位，返回波蘭，在天主教教會裡擔任管理職，收租、管帳和提供醫療服務。

愈來愈多人知道他是天文學家，1514 年，教會要修訂跟太陽對不上的日曆，諮詢了幾位專家，也包括哥白尼。那時，他寫了一本 40 頁的手稿，叫作《短論》（Commentariolus），大致列出他的日心說基本概念。後來他又寫了更詳盡的《天體運行論》（De Revolutionibus Orbium Coelestium），但他一直放著不敢出版，深怕招來教會的反對與譴責。

寫完手稿後，哥白尼病了，在 1543 年 5 月 24 日去世。根據傳說，他從昏迷中醒來，發現自己手裡拿著他寫的書，翻閱後安詳去世。他葬在於弗龍堡大教堂，自 1522 年起他就一直在這裡工作。

會體驗到同樣的錯覺。

巨著

哥白尼在 1543 年發表他的理論，著作名為《天體運行論》。他知道他的想法會引起爭議，因為牴觸羅馬天主教會的教導，的確，這本書被天主教會列為禁書，1822 年才解禁。諷刺的是，哥白尼本人是虔誠的天主教徒，不相信他對宇宙的看法與聖經有矛盾。他的大作出版後幾個月，他就死於腦出血。

然而，哥白尼的理論也有缺陷。他仍相信行星繞行太陽的軌道是完美的圓形，不得不留下幾個托勒密的本輪，所以他的日心模型跟要取代的地心模型一樣不完美。也為這個緣故，當時肯接受哥白尼理論的天文學家少之又少。

事實上，到了十七世紀初期，因為德國天文學家克卜勒的研究，正確推論出行星其實沿著橢圓形軌道繞行太陽，科學家才放棄圓形運動的想法。加入這個重要的因素後，本輪完全被放棄了。約莫同時間在義大利，伽利略用早期的望遠鏡觀察到繞行木星的四個衛星，斷然證明並非所有的星都繞著地球轉。他也研究了金星，注意到金星的相位（類似月相），因此金星一定要繞行太陽，才能解釋這些相位。伽利略的「異教」信念，讓他遭到軟禁，但地心革命的速度加快了。1687 年，牛頓宣判地心說的死刑，他發現有

一種力量讓行星在橢圓形軌道上繞行太陽 —— 重力。

　　哥白尼的貢獻不可計量，難怪他贏得「現代天文學之父」的稱號。他的看法也確立了哥白尼原則 —— 地球在宇宙中並非占有特權地位。薩根說，「我們發現我們住在不顯眼的行星上，落在平凡的星上，所在的星系躲在宇宙為人遺忘的角落裡，而宇宙中的星系比人還要多。」

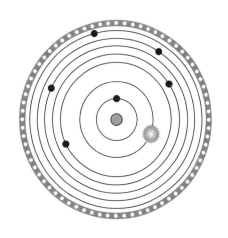

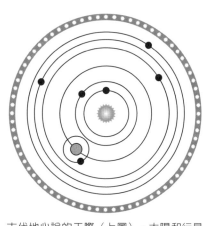

古代地心說的天際（上圖），太陽和行星繞著地球運行。哥白尼的看法（下圖）把太陽穩固放在該去的地方：太陽系的中心。

提要總結
地球不是宇宙的中心

42 星系

恆星與行星並非均勻分布在宇宙中,而是聚集成宇宙中的群島,叫作星系,彼此之間隔著太空的巨大深淵。我們的太陽和太陽系都屬於銀河系,在銀河系之外還有幾十億個星系。

在無雲幽靜的夏夜,抬頭看看,你會看到空中橫過一條壯觀的光帶。那就是銀河,我們的星系——集結了幾兆顆行星,跨越大約十二萬光年。星系有很多形狀跟大小。我們的星系是個螺旋盤,從裡面看出去,就能看到夜空中明亮的光帶。夏天的銀河最美,因為地球的夜面對著明亮的星系中心。我們本來不懂這麼多。早期的天文學家以為銀河明亮的薄霧來自發光的氣體。到了十七世紀早期,義大利科學家伽利略第一個用望遠鏡觀看銀河,發現銀河其實由許多恆星組成。但再過了兩百多年,科學家才明白真正的意義。

1750 年,英國天文學家萊特(Thomas Wright)出版《宇宙的原創理論》(*An Original Theory of the Universe*),極力主張銀河是恆星組成的圓盤,其中嵌了太陽和太陽系。他還更進一步指出,要是宇宙中還散落著其他類似的星群呢?德國哲學家康德(Immanuel Kant)讀了這本書,同意萊特的結論。他稱這些遙遠的星群「宇宙島」,從我們的太陽系類推,他推測這些遙遠的恆星系統或許會旋轉。

大事紀

西元 **1750**	西元 **1760**	西元 **1860**
萊特認為恆星群島散落在宇宙各處	梅西爾偵測到第一組神祕的星雲	光譜學證實梅西爾的星雲由恆星組成

偽彗星

科學界仍相當懷疑萊特的理論，到了 1760 年代，法國天文學家梅西爾（Charles Messier）開始透過望遠鏡記錄夜空中模糊不清的小片光線。梅西爾專門尋找彗星，花了不少時間掃描天空，尋找模糊的小片光線，這是因爲一塊塊冰冷的殘骸從外太陽系落向太陽、受熱後發展成氣體，或叫「像差」。梅西爾尋找彗星時，會看到無數很像像差的模糊天體在夜空中靜止不動（跟彗星不一樣，它們繞行太陽時，位置會明顯變化），因此更加複雜。

「在可觀察到的宇宙裡，星系的數目起碼不會少於我們星系中的恆星數目。」

—— 里斯爵士（Sir Martin Rees）

從 1760～1784 年，梅西爾發現了一百多個這樣的天體，列成型錄，基本上是爲了加快找到彗星的速度。他跟其他的天文學家不久之後就確認，某些梅西爾天體是緊緊凝聚在一起的恆星，但其他的即使放到最大倍率，依然保持擴散，後來取名爲「星雲」（英文的 nebulae 來自拉丁文裡的「雲」）。

到了 1860 年，星雲的本質才變得更清楚。天文學家有了新的實驗工具，叫作光譜學，才能進一步突破。光譜學能分析天體的光線，決定其化學組成。原理是把天體的光線分裂成光譜上全部的顏色，然後測量每個顏色的亮度。化學元素和化合物散發和吸收每種顏色的量都不一樣，在光譜上創造出獨特的光影圖案。

天文學家把光譜學應用在梅西爾的星雲上，這個技術揭露兩種不同的類型 —— 有些確實跟外表一樣，就是一團團氣體，有些卻顯示無數恆星結合起來的

星系核 —— 螺旋臂 圓盤

典型螺旋星系的結構，如銀河系。

西元 1922
哈伯與赫馬森證實星雲是位於銀河外的星系

西元 1943
美國人西佛發現第一個活躍的星系

西元 2012
哈伯望遠鏡看到極深空中的數千個星系

哈伯 （Edwin Powell Hubble，1889～1953）

1889 年，哈伯生於美國密蘇里州的馬什菲爾德。他在芝加哥大學念數學和天文學——他從小就迷上了天文學——1910 年畢業。他年輕時也是優秀的運動員。

儘管哈伯熱愛天文學，但他的父親要他從事法律——一開始他也聽命了，申請進入牛津大學。然而，他父親在 1913 年去世後，哈伯回到芝加哥，在葉凱士天文台取得天文學博士學位。接著他在加州的威爾遜山天文台找到永久職位，在那裡工作了一輩子。

光線。但這些星群到底在哪裡？

揭開星雲的面紗

美國天文學家哈伯與赫馬森（Milton Humason）在 1920 年代提供了這個問題的解答。哈伯找到很聰明的方法來決定星雲的距離，測量所謂造父變星的亮度即可。這些恆星的亮度定期升降——而且最重要的是，造父變星的平均亮度可以從變化週期來推論。意思是如果你能找到含有造父變星的星雲，測量恆星亮度的變化，就能得知其絕對平均亮度。有了這些資訊，再測量從地球看到的平均視星等，就可以算出亮度隨距離變暗了多少，推論出星雲有多遠。

哈伯與赫馬森的觀察證實星雲通常都在幾百萬光年外。跟銀河系的大小相比〔1918 年，美國人夏普里（Harlow Shapley）算出大約是十萬光年〕，星雲顯然離我們非常遠。萊特認為它們是銀河系遙遠的副本，這個主張終於證明無誤。因此，星雲也更名為星系。

很多星系看起來是盤狀的星群，像個扁扁的螺旋結構，表示它們會旋轉，跟康德想的一樣。但我們也看到其他的類型，包括球形的橢圓星系和不規則形狀的星系，結構難以識別。橢圓星系據說是螺旋星系合併在一起而構成，天文學家也曾目擊某些星系壯觀的碰撞，將一串串恆星與殘骸噴發到太空中。

地球的鄰近區域

從今以後，天文學家確認銀河系裡的螺旋結構。太陽和太陽系據信繞著兩萬七千光年外的宇宙中心旋轉，在所謂的獵戶座旋臂內側。我們的星系據說每兩億兩千五百萬年會繞一圈。

2012 年，NASA 發表「極深空」，哈伯太空望遠鏡的長時間曝光攝影，捕捉星系一百三十二億年前的模樣，非常驚人。其中有 5500 個星系塞在 2.4 平方角分的面積裡——大約比整個天空的一億分之一多一點點。這表示天上可能有幾百兆個星系，每個都跟銀河系一樣大、一樣稠密——想到便令人生畏。

活躍的星系

1943 年，美國天文學家西佛（Carl Seyfert）發現幾個比其他星系亮得多的螺旋星系。它們變成一種新的天體，叫作活躍星系。

天文學家現在已經發現各種形狀和大小的活躍星系。據信它們的動力來自中心超級巨大的黑洞（見第 188 頁）。黑洞會從周圍的星系吸入物質，壓縮後加熱到無法想像的高溫，因此燦爛奪目。非常明亮的活躍星系稱為類星體，是目前偵測到宇宙中最遙遠的天體。

提要總結
宇宙中的群島

43 大爆炸

大爆炸理論說，在一百四十億年前，我們的宇宙誕生於灼熱而稠密的火球——擴張冷卻後，形成我們今日看到的星系與恆星。在證據稀少的情況下，科學家發揮巧妙的偵探技巧，才得出這個結論。

早在科學發展前，地球上幾乎每一種文化都有自己的宇宙起源論。大多數只能說大錯特錯。西元前十六世紀的美索不達米亞人相信地球是平的，浮在宇宙的海洋中。古希臘人相信太陽、月亮、行星與恆星都在繞著地球轉的水晶球裡（見第 164 頁）。

在十八和十九世紀，科學奠定基礎後，證據顯示地球及恆星比之前相信的老多了，地質和宇宙過程也歷經了幾億年，甚至幾十億年。許多科學家因此得出結論，宇宙一直都在，而且不會毀滅——所謂的「穩態學說」。根據熱力學第二定律，我們現在知道這不可能。定律說宇宙的熵——基本上就是宇宙的「良好混合」狀態——一直在穩定增加（見第 22 頁）。如果宇宙的年齡無限大，熵應該也是無限大，這樣到處的溫度應該都一樣——不會區分出我們目前所見的巨大火熱星球以及寒冷空洞的太空。

動態的宇宙

宇宙起源與演化的最佳理論是大爆炸模型。1927 年，勒梅特（Georges Lemaître）這位比利時教士與物理學教授把愛因斯坦的廣義

大事紀

西元 1927	西元 1929	西元 1950
勒梅特把相對論套用到宇宙上，預言宇宙膨脹	哈伯發現宇宙的膨脹，支持勒梅特的研究成果	霍伊爾發明「大爆炸」一詞，表示對大爆炸理論的詆毀

相對論（見第 28 頁）徹底套用到宇宙上。產生的模型預測，宇宙不是在膨脹，就是在收縮，視填充其中的物質平均密度而定——唯一做不到的就是像穩態學說要求的，保持永恆不變。

勒梅特從自己的模型發覺，如果整個宇宙都在膨脹，兩點之間的膨脹率一定會隨著兩點之間的距離加快。兩年後，到了 1929 年，美國天文學家哈伯與赫馬森正好觀察到這個效應。他們研究遙遠的星系，發現星系相隔愈遠，遠離的動作會拉伸或「紅移」其光線（見第 181 頁）——證實宇宙的膨脹確切符合廣義相對論。

「一開始的時候什麼都沒有，然後虛無爆炸了。」

——普萊契
（Terry Pratchett）

無限的密度

但勒梅特看到他的模型有另一個重要的結果。在時間中回溯宇宙膨脹，星系靠得愈來愈近，直到變成一個點，星系應該全都壓在一個密度很高的小球裡——這就是宇宙一開始的狀態。勒梅特在 1931 年發表他的模型，證實宇宙如何突然出現了，也就是所謂的大爆炸（不過這個說法到 1950 年才出現，支持穩態學說的英國天文學家霍伊爾用大爆炸一詞表達嘲諷）。

在 1940 年代，美國宇宙學家加莫夫（George Gamow）、赫爾曼（Robert Herman）和艾弗（Ralph Alpher）證明，如

膨脹的宇宙很像脹大氣球的表面——遙遠的天體移動的速度比靠近在一起的快。

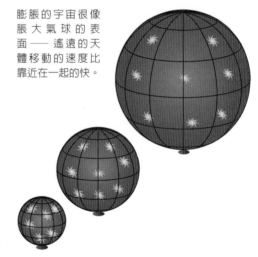

西元 **1964**
科學家無意間發現宇宙微波背景輻射（CMBR）

西元 **1992**
COBE（宇宙背景探測衛星）首次傳回 CMBR 中的結構影像

西元 **2015**
普朗克太空探測船確定宇宙的年齡是 138 億年

暴脹的宇宙

1960 年代晚期，英國數學家潘羅斯和霍金證明廣義相對論要求大爆炸模型中的宇宙初始狀態必須是一個溫度和密度無限大的點，叫作「奇點」。類似的狀態應該也存在於黑洞的中心（見第 188 頁），此處的重力強烈到連光線都無法逃出。宇宙怎麼逃離這種密度超高的狀態，不會永遠陷在其中？

解答是麻省理工學院的古斯（Alan Guth）在 1980 年提出的暴脹想法。他說，在創造的那一刻後，過了不到一秒的短暫時間，宇宙就經歷了超級快速的膨脹。暴脹一開始就停止了，讓宇宙繼續以比較沉穩的步調膨脹，也就是我們今日看到的模樣。

我們已經知道，推動暴脹的效應出現在高能粒子物理學裡，尤其是宇宙逐漸冷卻時的粒子對稱破壞（見第 43 頁）。這些破壞對稱的事件會把太空的區域困在所謂的「假真空」裡，這個狀態產生的反重力力量會強到能克服奇點的強大重力。

暴脹也指出宇宙中有個星系和星團形成的機制，指快速膨脹而爆炸到宇宙等級的量子力學漲落（由海森堡的測不準原理造成，見第 37 頁）。太空探測船最近的測量也提供了相關的證據。

果理論沒錯，那來自超熱火球的光一定會紅移，就像哈伯及赫馬森的星系發出的光線，留下瀰漫在太空中的微弱微波回波。這個信號叫作宇宙微波背景輻射（CMBR），美國無線電天文學家彭齊亞斯（Arno Penzias）和威爾遜（Robert Wilson）於 1964 年發現──其實是無心插柳。他們在紐澤西的貝爾實驗室實驗極度敏銳的無線電接收器，結果老有微弱的查訊，找不出來源。以普林斯頓大學迪克（Robert Dicke）為首的一群宇宙學家（深入研究宇宙的科學家）聽說彭齊亞斯和威爾遜的成果，才找出雜訊的真正源頭。彭齊亞斯和威爾遜在 1978 年獲頒諾貝爾獎。

加莫夫和艾弗也研究了大爆炸後 20 分鐘內被核反應轟炸的大量化學元素。他們發現 25% 的氦和 75% 的氫，完全符合天文學家在最老的恆星中找到的結果（比較新的恆星會滲雜之後形成的化學元素）。

結構成形

從那以後，科學家從地球大氣層外的陰鬱地帶用心鑽研 CMBR。NASA 的 COBE 衛星首先看到空中輻射溫度的微小起落。從此可以看出大爆炸後物質密度立刻出現細微的不規律，而今日遍布宇宙的星系和星團最後克服重力誕生了。二十一世紀初期，兩台新的太空探測船──

NASA 的 WMAP（威爾金森微波背景輻射各向異性探測衛星）和歐洲太空總署的普朗克衛星 —— 以前所未有的精細度測量 CMBR 及其結構。探測結果幫助宇宙學家確認許多掌管大爆炸宇宙行為的參數，也得出目前最精確的年齡估計：138 億年。

大爆炸之前呢？

　　科學家尚未查明大爆炸的起因 —— 或之前如果有東西的話，會是什麼。就目前的理解來說，大爆炸不只創造出填滿宇宙的物質和能量，也創造出構成宇宙的空間和時間。粒子物理學有些更先進的想法，例如弦理論，就宇宙創造前的狀態作出假設，但目前這些想法大多無法測試。現在，科學家比較希望能識別充滿宇宙的奇特物質形式，了解宇宙的演化和最終的命運。

提要總結
宇宙一開始的狀態是灼熱稠密

44 暗物質

科學家再怎麼努力，對宇宙的了解不過百分之五罷了。我們知道宇宙中一定有暗物質，因為暗物質的重力會影響明亮的天體，但我們就是看不到。沒有暗物質的話，今日的宇宙也不會存在。

趁著黑夜，抬頭看看，會看到令人無法抗拒的景色——幾百萬顆恆星與星系在你眼前展開，點亮黑色的天空，宛若宇宙中的大都市。或許你會很驚訝，因為你看到的不及全貌的百分之五。你看不到另外的百分之九十五——天文學家口中的「暗物質」。

1930 年代，瑞士天文學家茲威基（Fritz Zwicky）率先提出，宇宙間還有更多我們看不見的東西。在加州理工學院任教的茲威基研究后髮座星系團——其中有一千多個星系，在三億兩千萬光年外。星團中的星系移動的方法就像一窩蜜蜂。茲威基測量個別星系通常移動的速度。他發現，星系不會飛進太空裡，而且——就像從行星表面射出的拋射體，最後一定會落下來——這表示星團的星系重力一定強到能維持星系的位置。

重力不見了

但茲威基會大吃一驚。他把星系裡看得到的所有明亮物質加總，將總數代表的質量插入牛頓的萬有引力定律（見第 12 頁），星團的重力似乎弱了好幾百倍，無法固定星系。茲威基發覺所需的重力一定來自其

大事紀

西元 1933	西元 1962	西元 1983
茲威基在后髮座星系團裡發現暗物質	魯賓在星系的旋轉曲線中首次發現暗物質的證據	米爾格若姆提出 MOND，用以替代暗物質

他東西，他把這隱藏的質量稱為「暗物質」。

當時的人都不接受茲威基的研究結果——的確，他的計算有點不對——但整體的結論沒錯：宇宙中的質量比人眼能看到的多很多。到了 1970 年代，美國天文學家魯賓（Vera Rubin）研究螺旋星系的「旋轉曲線」後，天文學家才願意認真看待茲威基的想法。

> 「我們成為天文學家，以為我們在研究宇宙，結果現在我們知道，我們只研究到宇宙的百分之五到十。」
>
> ——魯賓

轉啊轉

螺旋星系是外太空裡聚集在一起、如漩渦般的星星——很像我們的銀河（見第 168 頁）。旋轉曲線基本上是一條線，顯示星系的旋轉速度如何隨著半徑變化。標準重力理論預測，在星系的核心區域，旋轉速度應該會增加——跟距離成正比，到了旋臂的外側就會減慢。

但魯賓的發現完全不一樣。她看到曲線如預期般，跟核心裡的半徑成正比，但到了旋臂就變平，不像理論預期的變慢。只有一個理由：如果星系外部含有大量看不見的材料，提供額外的重力，加快旋轉。魯賓計算出結果，跟茲威基不一樣，她的數字正中紅心。她發現這個螺旋星系裡看得見的恆星、氣體與星塵只構成總質量的百分之五。

宇宙間的證據繼續浮現。在重力透鏡實驗中——來自遠方星系的光線因為擋在中間的星團發出的重力而折彎（見第 30 頁）——測量光線彎曲的程度就可以推論出星團內的質量。天文學家計算後，結果也指出真正的質量比能看到的更多。

西元 **2005**
暗物質得到證實，是宇宙中形成結構的必要元素

西元 **2011**
CRESST 合作計畫提出報告，偵測到可能是暗物質粒子的物質

西元 **2013**
歐洲太空總署的普朗克太空船證實宇宙有百分之九十五的比例不在可見範圍內

其他的理論

並非所有人都信服暗物質的必要性。在以色列的雷霍沃特，魏茨曼科學研究學院的物理學家米爾格若姆（Mordehai Milgrom）認為，真正的解釋或許不是填滿太空的物質，而是物理定律本身。

他提出一個理論，叫作「牛頓動力學修正」（MOND），認為距離很長的時候，重力定律就脫離了牛頓理論的標準預測。他的模型能解釋螺旋星系旋轉曲線的現象（見本文），但不需要暗物質。

2004 年，耶路撒冷希伯來大學的貝肯斯坦（Jacob Bekenstein）能延伸 MOND，與愛因斯坦廣義相對論原則一致。他的理論叫作「張量─向量─標量」（TeVeS）重力，能解釋重力透鏡的觀測，不需要暗物質──也是 MOND 有困難的地方。

宇宙的虧空

CMBR 的研究（見第 174 頁）提供了決定性的證據。暗物質前所未見，因為它只透過重力的力量與光互動，而一般的原子和分子（一起稱為「重子」物質）則透過電磁力與光互動。測量 CMBR 中細微結構上的電磁互動效應，科學家能判斷宇宙有多少物質能用這種方法互動。他們的答案，依然是百分之五。

追尋粒子

暗物質或許由奇特的次原子粒子構成──粒子物理學標準模型延伸（例如超對稱）所預測的模樣（見第 40 頁）。曾有一度，科學家以為或許就是「暗星」跟其他不會發亮的大塊物質，但尋找「微重力透鏡」事件時──背景恆星前方有暗天體通過時，透過重力透鏡短暫變亮──卻一片空白。

科學家正在進行各種實驗，想偵測到暗物質粒子，現在或許就有幾十億個正通過你的身體。2011 年 9 月，「以超導體溫度計尋找低溫罕有事件」（CRESST）國際合作計畫的科學家在那一年偵測到 67 次無法解釋的粒子事件。統計分析指出，其中或許只有萬分之一可能是隨機雜訊。

同時，2005 年，國際天文物理學家小組斷言，星系形成需要暗物質──最終也是人類的必要物質。星系經過重力塌縮的過程成形，早期宇宙中低密度的異樣拉進更多的材料，不斷成長。沒有暗物質提供的額外重力，這個過程就無法產生今日在宇宙中所見的結構程度。

但近幾年來則出現了意料之外的轉折。原來，暗物質並非宇宙中唯一隱藏的東西——有些是能量場的形式，鎖在眞空空間的結構裡。這個神祕的現象叫作「暗能量」。

魯賓（1928～）

在發現暗物質的過程中，美國天文學家魯賓帶來決定性的突破。

1928年，魯賓生於美國的華盛頓特區，父親是電機工程師，母親在貝爾電話公司擔任里程計算師。

魯賓在瓦瑟學院取得學士學位，然後到康乃爾大學念碩士班，也認識她的丈夫羅伯特。之後，她到喬治城大學念博士，指導教授是著名的宇宙學家加莫夫。她的論文題目是星系團，當時聞所未聞，現在已經廣爲流傳。

魯賓有四個孩子，都得到數學或物理科學博士學位。她得到無數獎項，包括英國皇家天文學會的金質獎章和美國國家科學獎章。

提要總結
我們看不見大部分的宇宙

45 暗能量

在 1990 年代，科學家發現「暗的東西」占了宇宙的百分之九十五，而這些東西事實上幾乎都是能量。愛因斯坦早在幾十年前提出這個假設，但沒有人願意接受。暗能量加快太空膨脹的速度，深切改變宇宙的演化。

到了二十世紀下半，天文學家發覺宇宙中有很多看不到的東西——確切地說，應該是可見物質的二十倍。夜空中密密麻麻的恆星和星系只占整體的百分之五。其餘的百分之九十五是「暗」的。一開始，天文學家以為黑暗的元素完全是物質——很有可能是奇特的次原子粒子（見第176頁）。然而，在 1990 年代，科學家找到證據，有三分之二是瀰漫在太空中的星雲能量場。因為能量的效益等於質量，這種所謂的「暗能量」對宇宙的整體質量也有正面的貢獻。

哈伯有問題

1920 年代，美國天文學家哈伯發現宇宙在膨脹。他研究了鄰近的星系，發現它們都離我們愈來愈遠——平均來說，移動速度還跟距離成正比。這就是哈伯定律：後退的速度等於距離乘以哈伯常數。不太清楚的是這個數字怎麼隨著時間改變。宇宙間的所有質量都會發出重力，宇宙膨脹的速率會因為重力而逐漸慢下來，導致哈伯常數隨著時間過去變得愈來愈小。1988 年，在美國加州的勞倫斯柏克萊國家實驗室，天文物理學家珀爾馬特（Saul Perlmutter）跟小組成員一起著手調查。

大事紀

西元 1933	西元 1980	西元 1998
茲威基揭開最初的線索，發現宇宙大部分是黑暗的	古斯提出暴脹，驅動力來自類似暗能量的場	李斯和施密特發現最早的證據，宇宙膨脹正在加速

他們先研究遙遠星系裡的超新星爆炸。超新星是驚人的爆炸，代表恆星之死。超新星有兩個很有用的特質。第一，超新星非常明亮，在幾十億光年外的星系中也能偵測到。為了追蹤哈伯常數經過一段時間的演化，研究小組必須觀看幾十億年前的星系移動。他們可以利用光線的有限速度，查看超遠的星系。

第二，有一個特殊種類的超新星叫 Ia 型，發出的光量基本上都差不多。因此，如果在遙遠星系裡偵測到 Ia 型超新星，從地球測量其顯眼的亮度，天文學家就可以算出其光線隨著距離變暗了多少，推算出

紅移

推論出暗能量的存在，關鍵在於能不能透過研究遙遠星系的推行速度，決定宇宙膨脹的速率自大爆炸以來如何變化。用天文學家所謂的紅移現象就可以做到。觀看鄰近星系的光線光譜時，會看到有特色的起伏，這是因為星系裡的化學元素用特定波長吸收和散發光線。

天文學家研究遙遠星系時，看到同樣的模式，只是移到比較長的波長（也比較紅）。宇宙膨脹的時候，光線拉伸，就造成移動。如果天文學家看到朝著我們前進的星系，就會看到這個星系的光移到比較短的波長：「藍移」。天文學家定義紅移量是光譜裡特徵的波長變化，除以非紅移波長。再乘以光速，就能得到星系退行的速度。

超新星的距離。將這項資訊結合超新星從地球退開的速度──測量其光線有多少紅移，就能直接算出（見說明框）──天文學家就能計算那個星系的哈伯常數。

珀爾馬特把這個方法用在幾個 Ia 型超新星上，發現哈伯常數完全不會隨著時間變小──反而變大了。正好跟他的預測相反，宇宙的膨脹似乎在加速。1999 年，在美國天文學會的聚會上，研究小組發表他們的結果。事實上，美國人李斯（Adam Riess）和澳洲人施密特（Brian Schmidt）帶領的小組在 1998 年也得出類似的結果。然而，珀爾馬特算是這項發現的推手，他比李斯和施密特早了六年開始研究。

西元 **1999**
珀爾馬特跟研究小組證實李斯和施密特的發現

西元 **2011**
珀爾馬特、李斯和施密特因為發現暗能量而獲頒諾貝爾獎

西元 **2013**
一般物質、暗物質和暗能量的確切比例得到確立

珀爾馬特（1959～）

珀爾馬特出身書香世家。父親是賓州大學的生物工程教授，母親也是教授，任教於天普大學的社會行政學院。

珀爾馬特有兩名姊妹，在費城的艾利山長大，先到哈佛大學念物理學，然後 1986 年從加州大學柏克萊分校取得博士學位，研究尋找太陽隱藏伴星的技巧。物理學家路易斯·阿瓦瑞茲認為同樣的技巧也可以用來偵測遙遠星系中的超新星，讓珀爾馬特從事的研究最後揭露暗能量的存在。

讓宇宙加速，需要某種能量，能散發出負壓力，抵消重力（別忘了，廣義相對論假設壓力會產生重力，表示負壓力會產生負重力，見第 29 頁）。美國天文學家特納（Michael Turner）將這個現象命名為「暗能量」，跟暗物質拉上關係。為了克服可見物質和暗物質的吸引重力，暗能量必須構成整個宇宙質量能量的三分之二。

《科學》雜誌把這項發現推舉為年度的突破，2011 年，珀爾馬特、李斯和施密特一起獲得諾貝爾物理獎。2013 年，歐洲太空總署的普朗克太空船仔細測量了 CMBR——大爆炸留下的輻射（見第 172 頁）——確認我們的宇宙有 4.9% 是一般物質，26.8% 是暗物質，高達 68.3% 為暗能量。

是什麼？

要解釋暗能量的確切組成，有兩個可能。第一，暗能量嵌入了時空的組織。在科學家發現宇宙膨脹前，愛因斯坦考慮過這個可能性——將他所謂的「宇宙常數」加入廣義相對論的公式。在他的模型裡，宇宙常數的排斥力正好能平衡重力在大規模上的吸引力，讓宇宙保持不動。然而，後來發現宇宙膨脹後，愛因斯坦收回宇宙常數，宣布這是他犯下最大的錯誤。

「看看在那兒的珀爾馬特博士，緊握著他的諾貝爾獎。博士，怎麼啦？你怕有人偷走你的獎座嗎？就像你偷走了愛因斯坦的宇宙常數。」

——電視影集《生活大爆炸》裡的謝爾頓·庫珀（Sheldon Cooper）

另一個可能性則是暗能量從填充時空的材料升起，而不是時空本身的結構。叫作「第五元素」的理論說，太空蓋著一層薄薄的特殊物質場，剛好有必要的負壓力。這個想法不怎麼奇特——早期宇宙中或許有類似的場，驅動叫作暴脹的快速膨脹階段（見第 174 頁）。宇

宙常數可以完美平均地分布在太空中，預期第五元素也會展現出某種沉重的模樣 —— 天文學家原則上可以測量到。然而，目前兩個理論都沒有反對的證據。

　　暗能量對宇宙演化的模型已經有深刻的效應，對星系和星團的行程也一樣。還會繼續下去 —— 我們會看到，暗能量衝擊最大的理論就是宇宙的死亡。

提要總結
太空裡充斥著反重力的能量

46 宇宙之死

沒有東西能永久存在，我們的宇宙也不例外。科學家結合了天文觀測及我們對重力和粒子物理學的了解，推論出宇宙的最後幾天是什麼模樣。好消息是，還要再過幾百萬兆年，才需要開始擔心。

1915 年，愛因斯坦的廣義相對論讓科學家能做之前做不到的事：造出宇宙的數學模型。之前，牛頓的重力理論為簡單系統的模型奠定基礎，比方說繞行恆星的行星。但對大規模的複雜系統就沒什麼用。愛因斯坦的理論提供了解答。

1927 年，比利時天文學家勒梅特用廣義相對論造出最早的宇宙模型。他的模型預測，太空在膨脹，幾年後，美國天文學家哈伯與赫馬森就證明了這一點。因此，勒梅特假設了宇宙的起源：大爆炸（見第 172 頁）。宇宙學家也開始思索宇宙是否能永存，如果不會的話，又會怎麼樣死去。

選擇命運

根據宇宙的的質量內容，有三種主要的可能性。在第一種情況下，宇宙有很大的質量，導致宇宙膨脹到最大，然後物質的重力讓膨脹逆轉。太空收縮，星系彼此靠近，最後撞成一團，紅移變成藍移（見第 181 頁）。宇宙中所有的物質都塞進一直縮小的體積裡，最後壓碎成不存在，乃是大爆炸巨大的對照，叫作大崩墜。有些理論認為，宇宙會從

大事紀

西元 1927	西元 1997	西元 1999
勒梅特造出最早的宇宙數學模型	亞當斯和勞夫林推測宇宙會有什麼結局	天文學家發現宇宙有接近百分之七十是暗能量

大崩墜彈回，就像浴火重生的鳳凰，進入膨脹和收縮的無限循環。像這樣再度崩塌的宇宙稱爲「封閉型」，因爲重力足以讓太空繞回原處，形成封閉的球體。在這樣的宇宙裡，平行線最後一定會交叉。

黑暗時期

第二種可能性則說，宇宙的質量不足以停止太空的膨脹。在這種情況下，宇宙會持續膨脹。恆星形成所需的氣體最後用完了，恆星和星系就一個一個熄滅。從此開始永恆的宇宙黑暗時期：在曾經輝煌的宇宙裡，只留下一層薄薄的物質，而宇宙繼續膨脹，物質層也繼續變薄。黑洞是物質最後的堡壘，但最後就連黑洞也會透過霍金輻射的過程（見第 191 頁）揮發成虛無。最後，剩餘的原子衰變成基本的粒子── 粒子物理學大一統理論的預測（見第 48 頁）── 這時，宇宙真的死了。有些人把這叫作宇宙命運的「熱寂」假設，因爲溫度的變化── 熱力學過程的驅動力── 都消除了。

在這種情況下的太空不是封閉的球體，而是無限的範圍，這叫作「開放」宇宙。會彎曲成馬鞍形，有點像洋芋片。在這個宇宙裡，平行線永遠不會交錯，但也不會保持平行── 而是朝著相反的方向分開。

在這兩個選項中，有第三個可能的結局，宇宙的物質恰到好處，因此避開了在大崩墜中重新崩塌，但也沒有小到能保持開放。在這種情況下，宇宙再度變成無限大，會繼續膨脹。但現在太空的幾何完全不是曲線，表示平行線永遠保持平行。因此這個可能性稱爲「平坦的」宇宙。

> 「宇宙在生命中第一次固定下來，不會改變。熵最後會停止增加，因爲宇宙再也無法變得更沒有秩序。一切都停止了，永遠停止。」
>
> ── 考克斯（Brian Cox）教授

西元 2003
卡德威提出宇宙的結局可能是大撕裂

西元 2012
天文學家確認仙女座星系會碰撞銀河

西元 2012
NASA 的 WMAP 太空船確認宇宙是平的

瀕死的宇宙

1997 年，美國物理學家亞當斯（Fred Adams）和勞夫林（Gregory Laughlin）發表 57 頁的技術論文，闡述宇宙的的結局最有可能的模樣。有些關鍵事件列在下面的表格裡。

54 億年	我們的太陽開始變成紅巨星，結束地球上的生命
60 億年	我們的銀河系跟附近的仙女座星系合併
1000 億年到 100 萬兆年	本星系群中所有的星系合併；本星系群以外的再也看不見，被宇宙膨脹帶走了
1 億兆年	恆星停止成形
10 億兆年	最終行星系統的軌道衰變或遭到擾亂
10 秭年到 100 秭年	最終恆星的殘骸被宿主星系彈出，或被黑洞耗盡
10^{45} 年	核子衰變——原子核裡面的粒子開始分解
10^{57} 年	核子衰變終止。宇宙主要由黑洞組成，被霍金輻射揮發

撕裂吧

　　暗能量發現後，也證實宇宙的質量能量幾乎有百分之七十是暗能量（見第 182 頁），將排斥力加入這些模型，讓開放的宇宙和平坦的宇宙加速膨脹，或許也防止封閉式宇宙塌縮成大崩墜。但 2003 年，在美國新罕普夏州達特茅斯學院任教的宇宙學家卡德威（Robert Caldwell）主張，暗能量或許會造成第四種宇宙死亡的情境。他展現「幻影能量」這種特別極端的暗能量形式如何能讓宇宙膨脹得這麼快，快到裡面所有的物質都被撕裂。這個情境叫作「大撕裂」，如果暗能量要歸於「第五元素」（見第 182 頁），就有可能發生——不過可能還要等好幾十億年。

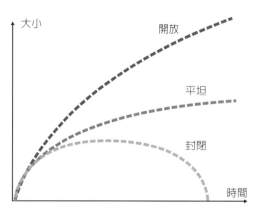

根據物質的密度，宇宙可能是開放、封閉或平坦。天文學觀測比較傾向後者。

新的開始

　　今日最佳的測量結果，由 NASA 的

WMAP 在 2012 年測量出來並公開，指出我們的宇宙幾乎是平的，註定要永遠膨脹，慢慢消逝。然而，也有好消息。首先，熱寂要過好幾百萬兆年才會發生。即使到了那個時間，現實或許不會這麼令人沮喪。早期宇宙的模型有個叫作暴脹的現象，在大爆炸後造成短短一段時間內的膨脹極度快速（見第 174 頁）。這個理論有一個版本叫「永恆暴脹」，指出快速膨脹今日仍未停止──我們恰好被圍在了暴脹停止的地方。在這個理論中，新的宇宙會持續創造出來，而這些區域的暴脹也停止了。儘管宇宙會有終止的時候，在某處，過了太空的深淵，宇宙生命仍繼續存活，或許可以讓我們感到有些安慰。

提要總結
末日還沒到

47 黑洞

黑洞這種天體的重力很強，連光線都無法逸出。落入黑洞的東西註定要在黑洞密度無限大的核心裡被壓碎毀滅。天文學家可以從鄰近黑洞的明亮物質推論出黑洞的存在——在已經找到了不少黑洞。

　　黑洞常被視為很現代的概念——科幻電影和電視紀錄片的素材。還有霍金跟 NASA。但事實上，最早記錄到我們現在稱為黑洞的東西並不是在這個世紀，也不是上一個世紀。1784 年，英國哲學家米契爾（John Michell）研究牛頓理論所描述的重力場中的光線會怎麼樣（見第 12 頁）。牛頓重力引發脫離速度的概念：拋射體射入空氣中的速度愈快，落下前就會射得愈高，如果射出的速度夠快，就可以脫離地球的重力。對地球而言，這個速度是每秒 11.2 公里，但米契爾想像的天體重力強烈到其脫離速度會超過光速。他將這種天體命名為「暗星」。

　　然而，牛頓的重力提供的解釋不完整。全貌需要更大更好的理論，能正確解釋光的行為。二十世紀初期，這個理論出現了，就是愛因斯坦的廣義相對論（見第 28 頁），能描述最強重力場中的物理學。1916 年，德國物理學家史瓦西（Karl Schwarzschild）在米契爾的分析中，用相對論取代牛頓的重力定律。他發現如果恆星——或任何天體——被壓碎到半徑小於某個數字，就沒有東西能逃離其重力引力，連光線也不行。對太陽來說，這個「史瓦西半徑」是 3 公里，地球則是 1 公分。

大事紀

西元 1784	西元 1916	西元 1939
米契爾用牛頓的重力提出「暗星」的存在	史瓦西根據廣義相對論為最早的黑洞模型制定公式	歐本海默和弗爾科夫算出中子星的最大質量

眞實性檢查

　　但這些神祕的天體眞的存在於眞實世界嗎？很多物理學家心存懷疑，包括愛因斯坦。太空中的天體，例如恆星，眞的會因爲自身的重量塌縮到其史瓦西半徑嗎？在正常的恆星裡，壓力會防止塌縮。恆星中心的核反應會生熱，創造出向外的壓力，平衡恆星重量往內的壓力。

「很可惜，沒有人發現正在爆炸的黑洞。要是有的話，我就能拿諾貝爾獎了。」

——霍金

　　然而，恆星的燃料燒光時，核反應會停止，壓力消失，就開始塌縮。1930 年，印度天文物理學家錢卓斯卡（Subrahmanyan Chandrasekhar）發現恆星縮小時，電子粒子會壓得愈來愈近。瑞士量子物理學家包立（Wolfgang Pauli）證實電子，以及所有稱爲「費米子」的粒子（見第 40 頁），都遵守所謂的不相容原理，防止粒子靠得太近。錢卓斯卡算出，電子之間的排斥力會防止重量小於太陽質量 1.4 倍的天體變成黑洞。它們會變成所謂的「白矮星」——通常會把跟太陽一樣大的質量壓到跟地球一樣大的球體裡。然而，更重的天體就會繼續塌縮。

　　最後，帶正電的質子跟帶負電的電子會壓在一起，形成一顆不帶電的中子粒子（也符合不相容原理），直徑約 10 公里——所謂的中子星。但在 1939 年，美國物理學家歐本海默和加拿大物理學家弗爾科夫（George Volkoff）發現中子星的最大質量約莫是太陽質量的三倍。

事件視界

　　更重的天體會塌縮到比其史瓦西半徑還小，形成密度無限大的一點，叫作「奇點」。1958 年，這個半徑形成的球體標出脫離速度超越光速的點，由美國物理學家芬科斯坦（David Finkelstein）命名爲「事

西元 **1964**
天文學家偵測到第一個黑洞，天鵝座 X-1，會發出 X 射線

西元 **1967**
惠勒在 NASA 演說時，發明「黑洞」一詞

西元 **1974**
霍金發現黑洞其實會散發出粒子

霍金（1942～2018）

霍金生於 1942 年 1 月 8 日。他的父親是醫療科學家，專攻熱帶疾病。他的母親是秘書。1959 年，他進入牛津大學念物理學。得到一級成績後，他在 1962 年搬到劍橋，攻讀宇宙學的博士學位。

在牛津的最後一年，他的行動開始變得不方便。經過檢驗後，他被診斷出得了肌萎縮性脊髓側索硬化症，一種會讓人逐漸麻痺和死亡的腦部疾病。

1963 年，醫生說霍金只能再活兩年。霍金排除萬難，利用各種科技輔助，在 2012 年歡慶七十大壽，但在 2018 年 3 月去世。他獲得劍橋大學的盧卡斯數學教授席位（前一任是牛頓），得過物理學界的大小獎項，就是沒拿到諾貝爾獎。

件視界」。幾年後，普林斯頓大學的物理學家惠勒（John Wheeler）發明「黑洞」一詞來描述這種天體。穿過黑洞事件視界的東西再也無法回頭，註定要壓成沒有體積的奇點。

1960 年代是黑洞研究的黃金時代，我們對這些神祕天體的了解有了重大突破，突飛猛進。1963 年，紐西蘭人柯爾（Roy Kerr）將史瓦西的數學發揚光大，描述旋轉的黑洞。有趣的是，柯爾黑洞中心的奇點是環狀，有些物理學家推測，穿過奇點的旅行者會進入新的太空區域——說不定是全新的宇宙。

眼見為憑

1964 年，天文學家發現第一個有可能是黑洞的天體——天鵝座 X-1，明亮的 X 射線來源。天體的質量和最大體積（從亮度變化推論）的測量結果暗示它應該小於自身的史瓦西半徑。

在 1970 年代早期，劍橋大學的物理學家霍金與同事用量子理論分析黑洞。他們的研究揭露黑洞物理學和熱力學之間迷人的類似之處（見第 20 頁），提出四個重大的「黑洞動力學」定律，跟熱力學定律彼此呼應。霍金在這方面的研究讓科學家預測，黑洞會散發出粒子（見說明框）。

今日，科學家已經找到許多由塌縮恆星形成的黑洞，也知道大多數星系，包括我們的銀河系，在中心都有「超巨大」黑洞。目前已知最重的黑洞位於遙遠的類星體 S5 0014+81 中心，真的打破紀錄——重達太陽質量的四百億倍。

黑洞其實沒那麼黑

1974 年，霍金證實黑洞其實會流失質量；之前科學家都覺得黑洞只會貪婪地吞噬宇宙物質。

海森堡測不準原理（見第 37 頁）預測，太空中充滿一對對虛擬粒子，在很短的時幅內出現和隱沒。霍金考慮虛擬粒子只出現在黑洞的事件視界外的情況，他推論成對的粒子中偶爾會有一個被拉過事件視界，另一個則會逃走。

粒子對的質量從黑洞「借來」，等它們過一瞬間消失了，通常就會歸還。然而，在霍金的情境裡，逃逸的粒子會強迫「成真」，因此帶走質量。過了夠長的時間以後，如果這種「霍金輻射」移走的質量比落進來的多，黑洞最後就會揮發消失。

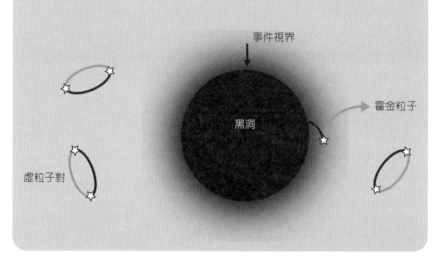

提要總結
重力強到連光都無法逸出

48 多重宇宙

就像宇宙中有許多行星、恆星與星系，也有一派物理學家認為在廣大、無限蔓延的多重宇宙中，我們的宇宙只是其中一個——宇宙的數目可能無限大。多重宇宙是所有存在事物的總和——看得見的，與看不見的。

要是在遙遠的某個地方，在那兒的宇宙裡，納粹贏了第二次世界大戰，或人類從未演化，或你是第一個踏上月球的人類？多重宇宙理論在最興旺的時候，指出有很多個宇宙，所有的可能性都會出現。1957年，任教於普林斯頓大學的美國物理學家艾弗雷特三世（Hugh Everett III）率先爲這個想法賦予科學基礎。艾弗雷特受訓練的方法由量子物理學家費曼發展出來。費曼發展出量子理論的「路徑積分」構想（見第38頁），總結所有可能的舊有狀態，按發生的機率分配權重，就能決定粒子未來的狀態。他稱之爲「歷史總和」手法，但從沒想過這些供替換的歷史會成眞。然而，艾弗雷特有其他想法。

艾弗雷特的理論叫作「多世界詮釋」（MWI）。根據他的看法，所有發生的量子時間都會導致宇宙分裂成好幾個新的宇宙，在其中所有可能的結局都會出現。他的理論提供新的看法來檢驗量子理論的數學吐出的可能性。例如，如果數學說粒子有 60% 的可能性來到位置 A，40% 的可能性來到位置 B，MWI 則詮釋爲在 60% 的宇宙裡，粒子最後會到 A，在剩餘的 40% 裡會到 B。由於組成宇宙的量子粒子數量巨大

大事紀

西元 1957	西元 1960	西元 1985
艾弗雷特提出量子理論的多世界詮釋	尼莫發明「多重宇宙」一詞來描述艾弗雷特的理論	德意志（David Deutsch）透過多重宇宙，奠定量子電腦的基礎

無比（大約是 10^{80} 個），這表示 MWI 暗示，宇宙可能的數目多到超乎想像。

　　「多重宇宙」一詞指大量穿插在一起的宇宙（已經有人用來描述一大群行星），1960 年，英國星際協會蘇格蘭分會的尼莫（Andy Nimmo）在學會發表演說，討論艾弗雷特的研究，順勢發明了這個詞。「平行宇宙」也變成慣用語，描述構成多重宇宙的各個宇宙。

「在無限的多重宇宙裡，沒有虛構故事這種東西。」

——演員艾達斯特（Scott Adsit）

量子的清澈度

　　MWI 能用鄰近宇宙的干擾來解釋量子理論某些奇怪的現象——例如粒子轉爲能彼此重疊和影響的波。在前面我們看到量子轉爲非量子行爲的方式——稱爲「退相干」的過程（見第 34 頁）——此時精細的量子狀態被量子跟周遭事物的相互作用擾亂。在 MWI 中，退相干可以看成逐漸分開的平行宇宙，因此兩者之間的干擾也消失了。

　　多重宇宙對現實的看法也解決了人類存在一個無關緊要的問題。物理學家發現宇宙中的自然常數——例如重力和電磁波的相對強度、宇宙的質量密度、暗能量的量，以及時空的向度——都額外精細地調成「我們所知」生命的值，然後浮現出來。這些常數的值在大爆炸最早的階段就決定，基本上隨機取決於自發對稱破缺等過程（見第 174 頁）。在我們的一個宇宙裡，這些數字爲什麼應該要精確到能讓我們存在？多重宇宙提供了解釋。在幾十億又幾十億個平行宇宙裡，一定有一些宇宙中的常數會跟我們的宇宙一樣。也難怪我們會發現自己住在這樣的宇宙裡。

西元 1998	西元 1999	西元 2003
鐵馬克提出量子自殺實驗	里斯大力推動多重宇宙能解釋宇宙微調的看法	在《科學人》雜誌的文章裡，鐵馬克提出四級的多重宇宙模型

0

艾弗雷特三世 (1930～1982)

1930 年 11 月 11 日，艾弗雷特生於美國華盛頓特區。1953 年，他從美國天主教大學取得化學工程學位，然後到普林斯頓大學念物理學博士，惠勒是他的指導老師。在這段時間內，他發展出量子理論的多世界詮釋。然而，再過了好多年，大家才重視他的理論。艾弗雷特當時覺得很灰心，取得博士學位後就離開學界，進入產業界。

在普林斯頓就讀時，艾弗雷特與南西結婚，生了兩個小孩：伊莉莎白和馬克。馬克現在是滑頭搖滾合唱團的主唱和作詞。艾弗雷特菸酒不忌，疏於運動，1982 年 7 月 19 日心臟病發身亡，得年 52 歲。

多重宇宙圖

2003 年，麻省理工學院的物理學家鐵馬克（Max Tegmark）認為，多重宇宙有好幾個等級。他主張有四級，第一級的宇宙超越我們能見的距離，也就是大爆炸後光已經前進的距離。宇宙可以容納大量這種大小的區域——如果是「平坦」的或「開放」的，數目會是無限大（見第 185 頁）——實際上創造出一大群其他的宇宙。

在第二級，宇宙歷經暴脹。這是超快速膨脹的時期，應該發生在宇宙歷史最早的時候（見第 174 頁）。只是在這個情境裡，暴脹絕不會停止，太空仍以非常危險的速度瘋狂蔓延開來。可觀測的宇宙只占了一小塊正常膨脹的太空，這兒的暴脹已經停止了。據信這種「永恆暴脹」的宇宙會持續生出自然常數不一樣的新宇宙。

第三級是艾弗雷特對量子理論的多世界詮釋，而第四級則是最高一層。其他級的自然物理常數可能不一樣，第四級則假設宇宙中的物理定律可能遵循基本上不一樣的數學定律。還好，怪也只能怪到這種程度，沒有第五級。

證據確鑿？

然而，物理學家對多重宇宙的存在仍有不同的看法。主要批評的是難以測試，存在與否的問題就不是科學問題。但是鐵馬克相信有一個實驗可以證實到底是怎麼樣（見下一頁的說明框）。

有些物理學家甚至說，多重宇宙對現實的看法讓時間旅行能夠成真——防止常見的「祖母矛盾」，意思是你能回到過去殺死你的祖母，

結果讓你自己無法存在。但如果你回去的宇宙是平行宇宙，跟你離開的宇宙不一樣，那就沒關係。或許等未來的旅客來到，就能提供終極的證據。

量子自殺

有些科學家批評量子理論的多世界詮釋，因為無法測試。1998 年，麻省理工學院的鐵馬克琢磨出一個叫「量子自殺」的想法，展示這個想法或許能為這個理論奠定測試的基礎。

在實驗中，量子事件決定對著實驗者的槍是空彈還是實彈。開槍的時候，多重理論會分裂——在一組宇宙中實驗者會死，在另一組中則活著。按規定，實驗者的意識一定會來到他們存活的宇宙裡。因此，那就是他們看到的。實驗者低頭看著槍管，一發又一發空彈——如果多世界沒錯的話。然而，對不幸到能目擊測試的人來說，實驗者遲早會死。

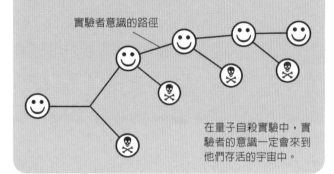

實驗者意識的路徑

在量子自殺實驗中，實驗者的意識一定會來到他們存活的宇宙中。

提要總結

在我們的宇宙之外，還有很多宇宙

49 系外行星

巨大、高功率的望遠鏡正在銀河系裡搜尋系外行星。這些行星繞行太陽系外的恆星。自1995年來，已經發現好幾千顆，科學家現在相信宇宙中可能有好幾億顆像地球的行星，有可能維繫生命。

2015年7月，NASA的克卜勒太空望遠鏡有了新發現，讓科學界非常興奮。這趟任務的目的是尋找太陽系外類似地球的行星，它們繞行的恆星跟太陽系的也很像，所發現的系外行星克卜勒-186f正符合條件，離地球五百光年，位於天鵝座。它繞行低溫矮星，最重要的是在「適居帶」裡，而且行星表面有液態的水。

望遠鏡發射後，找到幾千顆行星，但最像地球的就是克卜勒-186f。這個行星比地球大一點，直徑大了百分之十。之前在適居帶找到的系外行星都至少比地球大了百分之四十。這些因素結合起來，在我們見過的系外行星中，大家對克卜勒-186f最有興趣。

發現系外行星

數百年來，科學家和哲學家一直在懷疑其他恆星也有行星繞行。1855年，東印度公司馬德拉斯天文台的雅各台長宣稱偵測到了一顆行星在繞行恆星宗人四。然而，後來被推翻了。二十世紀中期之後又有其他人提出聲稱，1992年，天文學家發現第一個太陽系外的行星系統。但不巧的是，這個系統繞行脈衝星（超新星爆炸後留下的稠密殘骸），

大事紀

西元 1855	西元 1992	西元 1995
雅各誤以為他看到繞行宗人四的行星	天文學家發現繞行處女座中脈衝星的系外行星	梅爾和奎羅茲發現第一顆系外行星，飛馬座51b

而不是活躍的恆星。

1995 年，終於有人成功了，日內瓦大學的梅爾（Michel Mayor）和奎羅茲（Didier Queloz）宣布他們發現繞行飛馬座 51（很像太陽的恆星）的系外行星。梅爾和奎羅茲知道行星繞行時，重力會拉扯恆星。他們尋找星光頻率的變化，追蹤繞行行星創造的「擺動」。「飛馬座 51」離地球 50 光年，位於飛馬座。其行星據信是木星的一半大，表面溫度大約 1000°C。這顆行星跟恆星的距離小於水星到太陽的距離，移動速度驚人，每 4.2 天就繞一圈。正式命名為飛馬座 51b 的這顆系外行星也叫作柏勒洛豐（Bellerophon），因為柏勒洛豐是馴服飛馬的希臘英雄。

在這項重大的發現後，天文學家用梅爾核奎羅茲的「擺動」法找到更多系外行星。類似飛馬座 51b 的，因為大小和狀況，取名為「熱木星」。這些行星更靠近它們繞行的恆星，似乎有些矛盾，因為當時天文學家相信巨大行星應該離得比較遠。天文學家現在相信，星塵與氣體造成的摩擦已經磨損了行星的軌道，讓它們更靠近恆星。

天文學家也開始找到不同類型的系外行星，例如巨大的冰封行星和「超熱地球」。天大將軍六之類的太陽系軌道上有好幾顆行星。但我們最急切的還是要找到類似地球的系外行星。

> 「在兩百顆恆星中，有一顆周圍有像地球的行星，適合居住——在星系中，五億顆恆星有類似地球的行星繞行——很多，五億。看著夜空時，覺得有人在跟我們對看，也很合理。」
>
> ——加來道雄（Michio Kaku）

追捕行星

2009 年，NASA 發射克卜勒太空船來尋找系外行星。克卜勒是

西元 2009	西元 2015	西元 2015
NASA 發射克卜勒太空望遠鏡來偵測系外行星	發現克卜勒 -186f——像地球的行星，位於恆星的適居帶	克卜勒發現 GJ 1132b，「金星的分身」，離地球只有 39 光年

克卜勒任務

克卜勒太空望遠鏡每 371 天會繞太陽一圈。長 4.7 公尺,重 1052 公斤。主要的感測器是光度計,持續測量天鵝座和天琴座之間一個區域內十萬顆恆星的亮度。星光直接通過克卜勒 1.4 公尺的鏡子,進入 9500 萬像素的攝影機,能捕捉亮度小到 20 百萬分率的「閃爍」。望遠鏡的視野特別大──105 平方度。

到了 2015 年 1 月,克卜勒發現了 1013 顆系外行星,還有大約 3200 顆有待確認。任務當然有缺點。太空船用來指向的反應輪共有四個,兩個分別在 2013 和 2014 年故障,但減縮產能後,目前仍在執役。

遮陽板

望遠鏡

太陽能板

克卜勒太空望遠鏡偵測到系外行星繞行時的恆星亮度變化

恆星追蹤器

通訊天線

十七世紀的德國天文學家,發現行星的橢圓形軌道(見第 166 頁),太空船用「凌日」法偵測行星通過恆星前方時所造成恆星亮度的細微減弱。搭配擺動法,天文物理學家能算出行星的大小、質量、溫度和軌道。

光譜學可以用來推論系外行星大氣層的組成。行星繞到恆星前方時,星光會通過大氣層,光線被大氣中特定的化學物吸收和重新發散後,會增強或減弱某些顏色的亮度。但行星通過恆星後方時,只能看到恆星的光芒。兩種信號間的差異能用來算出系外行星的光譜,得出大氣層組成的詳細資料。

金星的分身

2015 年 11 月,在船帆座發現系外行星 GJ 1132b,引發一陣興奮。發現的設備是 MEarth-South 陣列,有八座自動望遠鏡,位於智利的塞羅托洛洛美洲天文台。MEarth-South 能偵測離地球 100 光年的紅矮星之間的凌日。接著用 HARPS(高精度逕向速度行星搜索器)攝譜儀觀測,這座儀器也在智利拉西拉天文台 3.6 公尺長的望遠鏡上,發現行星的質量是地球的 1.6 倍。行星快速繞其恆星時,每 1.6 天繞一圈,望遠鏡偵測到星光會減弱 0.3%。GJ 1132b 的直徑大約 14800 公里,比地球大 16%。烤箱般的溫度太熱了,不適合生命,但仍有可能會冷卻到足以留住大氣層。有些科學家稱這顆行星是「金星的分身」。離我們 39 光年,算很近,也比克卜勒 -186f 更靠近我們的太陽系,因此很適合進一步研究。

　　科學家正在建造功率更強、功能更精密的望遠鏡，例如智利的巨型麥哲倫望遠鏡，解析度是哈伯太空望遠鏡的 10 倍。同時，歐洲太空總署計畫在 2024 年發射柏拉圖（行星凌日和恆星振動任務），尋找行星的太空任務，重點是在類似太陽的恆星適居帶裡繞行的系外行星。這些令人興奮的新計畫或許能揭露太陽系外最先出現的生命跡象。

微重力透鏡

偵測離恆星很遠的巨大系外行星，例如海王星與天王星，難度極高。2014 年，天文學家用智利拉斯坎帕納斯天文台的華沙望遠鏡，在距離地球兩萬五千光年的雙星系統中發現這種行星。這顆行星的尺寸是天王星的 4 倍，繞行恆星的距離差不多等於天王星繞行太陽的距離。

發現的技術叫作微重力透鏡。恆星的重力可以把遙遠恆星的光線聚焦，像透鏡一樣放大。偶爾，行星繞行透鏡裡的恆星時，在放大的光信號裡可以偵測到。有些天文學家相信微重力透鏡可以偵測超寬軌道裡的其他行星。但天體不太可能排成一線，或許幾百萬年才會碰到一次。

提要總結
繞行遙遠恆星的行星

50 外星生命

外星生命的發現已經脫離科幻小說的領域,可能在接下來的十年內就會成真。NASA 計畫在 2040 年以前將太空人送上火星,尋找外星生命形式,功率強大的望遠鏡也在掃描空中是否有高智能外星人送來的無線電信號。

宇宙中充滿外星生命。最知名的天體生物學家已經有這樣的共識,也說他們知道要到哪裡、用什麼方法尋找外星人。天體生物學指宇宙中其他生命的研究,有各式各樣的可能性:有的行星可能看似沒有生命,但隱藏了大量的化石與有機物;有些或許有簡單生物,例如細菌和病毒;或許也有高智能的外星生命,具備和我們溝通的科技。

NASA 估計在 2025 年之前,會在太陽系中找到生命的跡象,並能在 20～30 年內確認。地球上的生命始於海洋,因此在別的地方尋找生命時,關鍵就是水。2015 年,NASA 找到有力的證據,火星表面上有水。含水的鹽分零星滲入火星表面,留下條紋狀的痕跡。歐洲太空總署的 ExoMars(火星探測計畫)探測車會在 2018 年發射,帶有各種特別用來尋找生命的設備,而NASA 則希望在 2030 年代讓太空人登陸火星。

1990 年代送到木星的伽利略太空探測器找到證據,木星衛星歐羅巴的地殼下有結凍的海洋。NASA 相信歐羅巴有一切需要的元素,可以支持簡單生物——多岩石的海床、鹽水以及潮汐加熱的能量。2020 年代會進行進一步的勘察。

大事紀

西元 1959	西元 1977	西元 1989
莫里森(Morrison)和可可尼(Cocconi)在 SETI 發表第一篇研究論文	外太空偵測到無法解釋的 Wow! 訊號	伽利略號發射,去檢驗木星及其衛星

外太空

自十九世紀晚期以來，人類就很著迷於高智慧外星生命的概念。1901 年，塞爾維亞發明家特斯拉（Nikola Tesla）聲稱，他透過無線電力傳輸，收到太陽系內外星生命形式的信號。儘管有些人覺得特斯拉很古怪，他或許設下先例，讓現代人用無線電望遠鏡尋找外星人。自 1950 年代以來，SETI（尋找外太空星球智慧生命計畫）已經從各大洲收集資源和專家，使用原本要用來搜尋自然宇宙無線電源頭的望遠鏡來尋找太空中以無線電波傳來的訊息。

「十年內，針對地球外的生命，我們會找到明顯的跡象。」

——NASA 首席科學家斯托芬（Ellen Stofan）

WOW! 訊號

長久以來，除了太空的背景嗡嗡聲，我們什麼都沒偵測到。1977 年 8 月 15 日，美國天文學家赫曼（Jerry R. Ehman）注意到俄亥俄州的大耳朵天文台接收到特別尖銳且明顯的窄頻無線電信號。信號比周圍的聲音響 30 倍，看似來自射手座。無法用地球或太陽系中的自然源頭來解釋。赫曼在電腦列印出來的資料上把數字圈起來，在旁邊寫了「Wow!」，這個信號就取名為 Wow! 訊號。從那之後，天文學家試了很多次，要偵測 Wow! 訊號，卻沒有結果。是不是有智慧的外星生命？到目前為止，大家心癢難搔，可是沒有人知道起因。

2010 年，天文學家又偵測到無法解釋的訊號，這次來自相當近的星系。無線電波從距離地球 1200 萬光年的大熊座梅西耶 82（M82）中的未知天體傳過來。偵測

1977 年偵測到的 Wow! 訊號是來自太空的無線電訊號，無法用已知的現象來解釋。字母和數字各自對應到間隔 12 秒的信號強度。圈起來的特別高。

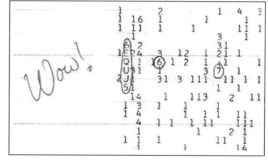

西元 **2003**

NASA 把一對火星探測車發射到火星上

西元 **2009**

克卜勒太空望遠鏡開始尋找像地球的系外行星

西元 **2015**

NASA 在火星上偵測到水的存在

在其他行星上維繫生命

地球上的生命仰賴一組元素 —— 主要是碳、氧、氫、磷、硫和氮 —— 水則是生化反應的溶劑。其他星球上的生命則可能仰賴完全不同的組合，但科學家已經有共識，認為外星生命需要某些基本元素才能興旺。主要的化學原料在太空中應該很豐富，也應該有一種液體媒介，溫度範圍很廣，讓元素可以起化學反應。能支持外星生命的行星也需要大氣層，表面上或靠近表面的地方有液體。

克卜勒太空望遠鏡跟地面上其他的高功率望遠鏡都在空中尋找像地球這樣繞行太陽的系外行星（見第198頁）。在適居帶裡找到的系外行星，可能太熱或太冷，上面的水無法以液態存在，或許是外星生命的家。根據目前的發現，這樣的行星在銀河系裡有五億顆。

到的科學家在英國卓瑞爾河岸天文台，使用梅林無線電望遠鏡陣列。

這個信號跟天文學家之前偵測到的都不一樣 —— 移動速度快，側向速度顯然是光速的 4 倍。這種超光速運動是視錯覺，之前在特大質量的黑洞噴出的材料裡曾經偵測到。M82 的中心或許就有這種黑洞 —— 但神祕的天體不在星系中心附近。沒有其他的理論符合資料，這種天體仍是天文學家未解的謎團。

外星的巨大構造？

2015 年，克卜勒太空望遠鏡找到耐人尋味的異常現象（見第 198 頁）。NASA 透露離我們 1500 光年、位於天鵝座的恆星 KIC8462852，近年來不知道為什麼，有好幾次亮度減弱了百分之二十。因為比例太高，不太可能是因為行星從前方通過，而另一個可能的理論 —— 彗星分裂 —— 則會引起過度的紅外線輻射，也偵測得到，但並未出現。最近則有人提出，變暗可能是一群特別冷的彗星造成，但彗星要在非常特別的軌道上行進，才能解釋觀測結果。

天文學家只能苦思冥想，有些人則推測，有智慧的外星生命造了某個結構，造成變暗。這種天體一定很大，克卜勒才能記錄到亮度變化，大家開始熱烈討論外星的「巨大構造」。天文學家目前仍在尋找合理的解釋。

克卜勒望遠鏡找到更多多岩石或像地球的行星，在恆星的適居帶裡繞行，因此宇宙中愈來愈有可能真有外星生命形式。太空之大，限制我們與高智慧外星生命相遇的可能，但也給我們保護。霍金警告我

們，要是外星人來到地球，很有可能目標是「征服與殖民」。然而，霍金的想法很開放，也支持「突破計畫」（Breakthrough Initiatives），這個計畫的目標是尋找有智慧的外星人，學習與他們溝通的最佳方法。正如偉大的宇宙學家薩根所說：「在某處，有某種不可名狀的東西正等待被知曉。」

嗜極生物

能在極端情況下存活的生物叫作嗜極生物。它們變成天體生物學的重要研究對象。在海底熱泉周圍和冰裡，或者酸性或鹼性非常高的環境裡，都曾找到茂盛生長的微生物。有些甚至能活在核反應爐的中心。活在極冷環境的嗜極生物是天體生物學家很有興趣的對象，因為太陽系裡大多數的行星和衛星溫度都在零度以下。這些微生物的發現擴大了找到外星生物棲息地的可能。

提要總結
我們並不寂寞

詞彙表

Abiogenesis 無生源說 地球上的生命源自無機物的概念。

Allotropes 同素異形體 同一元素的不同形式。

Antimatter 反物質 大多數物質粒子都有對等的「反粒子」。反物質粒子跟一般粒子有同樣的質量和自旋，但電荷等關鍵特質則完全相反。

Atom 原子 化學元素最小的單位。原子的原子核含有質子和中子，周圍則是電子。

Atomic number 原子序數 原子核中的質子數目。週期表上的元素按原子序數排列。

Bacteria 細菌 單細胞生物，地球上隨處可見。

Baryon 重子 一組次原子粒子，包括中子和質子，組成原子核。

Bequerel 貝克勒 物質放射性的單位，貝克勒是法國物理學家。

Bit 位元 資訊的基本單位。「二進位數字」的縮寫，值不是 1 就是 0。

Carbon cycle 碳循環 透過植物和動物，碳從地球進入大氣層再回來的循環。

Catalyst 催化劑 加快化學反應的物質，本身不會改變或消耗。酵素就是用在細胞裡的生物催化劑。

Cell 細胞 生命最小的單位。真核細胞有核，原核細胞沒有。

Cosmic microwave background radiation 宇宙微波背景輻射 宇宙創造時大爆炸留下的輻射。

Dark energy 暗能量 瀰漫在太空中的能量場，導致宇宙加速膨脹。暗能量是宇宙中占主導地位的要素。

Dark matter 暗物質 僅透過重力互相作用的物質，也看不見。

DNA 所有的細胞和許多病毒裡的分子，帶有生物獨特的遺傳密碼。

Element 元素 無法分解成其他物質的物質。元素是化學的基本構件。

Entropy 熵 在熱力學系統中的失序程度。也用在資訊科技，用來量化信號中的資訊。

Evolution 演化 生物數代以來的特徵變化。最適合環境、有特徵的個體最有可能存活和繁衍。

Fermion 費米子 一種次原子粒子，量子自旋為半整數。

Fractal 碎形 複雜的形狀，在所有的長度尺度上看起來都一樣。碎形掌管混沌系統裡的動力學。

Fullerene 富勒烯 碳原子的分子，連成球體（巴克球）或柱狀（奈米碳管）。

Galaxy 星系 一群用重力綁在一起的恆星。據信大多數的中心有黑洞。

Genome 基因組 生物完整的遺傳資料，包括 DNA 和基因。

Hadron 強子 一組次原子粒子，都會和強核力相互作用。包括質子、中子、介子和夸克。

Higgs boson 希格斯玻色子 次原子粒子，在標準模型中提供所有其他粒子的質量。

Inertia 慣性 重物體改變目前運動狀態時的阻力。

Lepton 輕子 一組次原子粒子，感覺不到強核力。包括電子、陶子、緲子和微中子。

Molecule 分子 化學化合物裡的最少量。分子構成地球上大多數的物質，由兩個以上聯結在一起的原子組成。

Nanotechnology 奈米科技 操縱個別的原子，以生產材料。

Qualia 感質 我們對大腦內不同有意識體驗的感知。

Quantum electrodynamics 量子電動力學 電磁力的量子場理論。

Quantum spin 量子自旋 量子粒子的特質，描述它們在旋轉下的對稱性。

Spacetime 時空 空間和時間併為聯合的實體，相對論的核心概念。

Standard model 標準模型 粒子物理學定律的最佳描述。

Superconductor 超導體 能在零阻力下導電的材料。它們可以透過減少廢料來改進發電。

Tectonic plates 板塊 地殼上不斷移動的巨大岩石塊。它們會造成大陸漂移、深海洋脊、地震、山脈成形和火山。

Universal grammar 普遍語法 人腦天生具備語法規則的理論。

Virus 病毒 最小的生物，只能將 DNA 射入宿主細胞來繁殖。

50 SCIENCE IDEAS YOU REALLY NEED TO KNOW by GAIL DIXON AND PAUL PARSONS

Copyright © Quercus 2016

This edition arranged with Quercus Editions Limited through Big Apple Agency, Inc., Labuan, Malaysia.

Traditional Chinese edition copyright:

2018 WU-NAN BOOK INC.

RE42

50則非知不可的科學概念

作　　　者	保羅‧帕森斯、蓋爾‧迪克森
譯　　　者	嚴麗娟
發 行 人	楊榮川
總 經 理	楊士清
主　　　編	高至廷
責任編輯	許子萱
封面設計	王正洪
出 版 者	五南圖書出版股份有限公司
地　　　址	106台北市大安區和平東路二段339號4樓
電　　　話	(02)2705-5066
傳　　　真	(02)2706-6100
劃撥帳號	01068953
戶　　　名	五南圖書出版股份有限公司
網　　　址	http://www.wunan.com.tw
電子郵件	wunan@wunan.com.tw
法律顧問	林勝安律師事務所　林勝安律師
出版日期	2018年10月初版一刷
定　　　價	新臺幣320元

國家圖書館出版品預行編目資料

50則非知不可的科學概念 / 保羅.帕森斯，蓋
爾.迪克森著；嚴麗娟譯. — 初版. — 臺北
市：五南，2018.10
　面；　公分
譯自：50 Science ideas you really need
　　　to know
　ISBN 978-957-11-9837-8（平裝）
1.科學 2.通俗作品
307.9　　　　　　　　　　　　　107012235